U0253729

西藏民族大学中国史博士点建设文库

| 光明社科文库 |

青藏高原石文化

基于建构视角的人与自然关系研究

赵国栋◎著

光明日报出版社

图书在版编目（CIP）数据

青藏高原石文化：基于建构视角的人与自然关系研究 / 赵国栋著. --北京：光明日报出版社，2023.9

ISBN 978-7-5194-7516-1

Ⅰ.①青… Ⅱ.①赵… Ⅲ.①青藏高原—人类学—研究 Ⅳ.①Q98

中国国家版本馆 CIP 数据核字（2023）第 185310 号

青藏高原石文化：基于建构视角的人与自然关系研究

QINGZANGGAOYUAN SHIWENHUA：JIYU JIANGOU SHIJIAO DE REN YU ZIRAN GUANXI YANJIU

著　　者：赵国栋

责任编辑：史　宁　　　　责任校对：许　怡　董小花

封面设计：中联华文　　　责任印制：曹　净

出版发行：光明日报出版社

地　　址：北京市西城区永安路 106 号，100050

电　　话：010-63169890（咨询），010-63131930（邮购）

传　　真：010-63131930

网　　址：http://book.gmw.cn

E - mail：gmrbcbs@gmw.cn

法律顾问：北京市兰台律师事务所龚柳方律师

印　　刷：三河市华东印刷有限公司

装　　订：三河市华东印刷有限公司

本书如有破损、缺页、装订错误，请与本社联系调换，电话：010-63131930

开　　本：170mm×240mm

字　　数：205 千字　　　　印　　张：14

版　　次：2024 年 1 月第 1 版　　印　　次：2024 年 1 月第 1 次印刷

书　　号：ISBN 978-7-5194-7516-1

定　　价：89.00 元

目 录

CONTENTS

第一章　引言……………………………………………………… 1

第一节　研究缘起与研究问题……………………………………… 1

第二节　田野场概况………………………………………………… 6

一、地理与环境…………………………………………………… 7

二、历史沿革与人口……………………………………………… 8

三、生计和商业经营……………………………………………… 9

四、消费之变 …………………………………………………… 11

五、文化与景观 ………………………………………………… 12

第三节　概念与研究方法 ………………………………………… 15

一、主要概念界定 ……………………………………………… 15

二、研究方法 …………………………………………………… 16

第二章　自然研究与建构主义 ………………………………… 20

第一节　自然研究理论话语及取向 ……………………………… 20

一、自然代谢：一个重大命题 ………………………………… 21

二、儒学：天地位，万物育 …………………………………… 27

三、对本书的启示 ……………………………………………… 35

第二节　建构主义视野与可能 …………………………………… 38

一、建构主义的基本问题 ……………………………………… 40

二、建构主义中的类型化研究 …… 55
三、对建构主义的评述 …… 73
四、对本书的启示 …… 82

第三章 青藏高原石文化 …… 84
第一节 石文化概况 …… 86
一、丧葬石文化 …… 86
二、石窟艺术 …… 88
三、日常生活与石文化 …… 92
四、精神活动与石文化 …… 97
五、寺院石文化 …… 104
六、白石崇拜 …… 106
第二节 影响因素与建构性 …… 108
一、自然环境与生活方式的影响 …… 109
二、神山崇拜的影响 …… 110
三、自然的构建性 …… 112
本章小结 …… 115

第四章 卵育万物与石文化 …… 117
第一节 卵生说概览 …… 118
第二节 多维度下的卵生说 …… 123
一、卵生说的生成与意义 …… 123
二、类型化的卵生说 …… 128
三、卵生说的建构性 …… 137
第三节 卵生说与石文化 …… 142
第四节 卵图案与石文化 …… 144
一、卵图案石与文化构建 …… 144
二、对解读的解读 …… 149

本章小结…………………………………………………………… 159

第五章 变迁与石文化…………………………………………………… 161

第一节 商品化与幸福感……………………………………………… 162

一、"成神"之鱼 …………………………………………………… 162

二、以"神鱼"之名 ………………………………………………… 165

三、对本书的启示…………………………………………………… 168

第二节 化石的价值符号……………………………………………… 168

一、玉石商人与树化玉……………………………………………… 169

二、蚌化石…………………………………………………………… 171

三、对本书的启示…………………………………………………… 173

第三节 地方知识的突现……………………………………………… 173

本章小结…………………………………………………………… 177

结语与讨论…………………………………………………………… 179

附录 多维度下的科学理论

——基于建构视角的反思…………………………………………… **188**

参考文献……………………………………………………………… 205

后记…………………………………………………………………… 214

第一章

引　言

第一节　研究缘起与研究问题

谈研究的缘起，我们一般会从田野发现或者理论问题两个角度来展开，或者两者在田野中相伴而生，促成我们去完成一项研究工作。对笔者的这项研究来说，田野给笔者的刺激显得更强烈一些，正是在这样的刺激下，笔者才进一步完成了理论文献的阅读和相关研究框架的思考。基于此，笔者要先讲讲在田野中的发现和感受，也希望能给读者朋友带来共鸣。

2016 年 1 月—8 月，笔者在西藏阿里地区的一处偏远牧区参加“强基础 惠民生”（以下简称“驻村”）活动。该牧区位于阿里地区的南端，地处中国、尼泊尔、印度三国交界处，具体的名称为扎西县扎西乡（县、乡均为化名）。

对一个来自华北农村的人来说，当地人和他们的生活给笔者留下了深刻的印象，那里的山、水、动物等一些不起眼的日常生活元素也都深深烙在了笔者的头脑中。可以说，这段驻村经历在很大程度上改变了笔者一生的学术追寻轨迹。

正是基于驻村的经历，基于对青藏高原生态与文化的热情、执着，笔者攻读了博士学位，并在读博四年中写了几十篇文章。当然，让笔者投入心血最多的还是博士学位论文，在洪大用教授、肖晨阳教授、陆益龙教授、赵旭东教授等诸多恩师的指导和支持下，笔者以青藏高原为田野，顺利完成了博士学位论文。当然，在田野中调查以及完成写作的那种艰辛只有笔者自己能够真正体会到。2019 年 7 月—10 月，笔者拖着病态的身体又坚持在阿里牧区调查了 3 个月。

笔者的博士学位论文主要关注青藏高原的社会变迁与地方知识的关系问题。在驻村工作和专门的调查中，笔者运用民族志的方法对那里的人、事、各类现象以及自然中的许多存在物都给予了高度的关注，包括那里的石头。不过，由于各种各样的原因，笔者一直没有真正完成关于那些石头的文字，一些观点和内容虽然在博士学位论文中有所涉及，但总觉得内容太少，心里许多想说的话没有表达出来，意犹未尽。

在被称为“西藏的西藏”的阿里牧区，人与石头的关系给了笔者很大的触动，让笔者跳出了把石头用作人类建筑或者把玩的工具的简单世俗化观念。在那里的所见所闻直接影响了笔者对石头的看法，这些看法勾起了笔者对非生命自然之物的兴趣，刺激着笔者的神经。为了满足笔者的好奇心，确确实实地与自己内心不断翻腾的一种对石头的热情开展一番痛快的对话，笔者下决心要围绕扎西乡的石头再做一项研究，至少要把笔者内心中那种翻腾的情感释放出来。

扎西乡有丰富的石头资源。这里所说的“石头”既包括各种各样的玉石，也包括各种形状的具备一定纹理图案的石头，在市场上这样的石头常被称为“奇石”。在老扎西牧民眼里，扎西乡蕴藏着各种各样的石头资源，尤其是玉石和奇石，他们把这些石头当作宝贝——但不是金钱衡量的“宝贝”，而是神山圣湖护佑他们的“宝贝”。在他们看来，这些石头不属于任何人，只属于那里的神山圣湖。所以，这里的“资源”二字与经济利益没有直接对应关系，与其他物质利益以及人际网络等现代资本性质的东西也不存在对等关系，而只与人们的生存、生活信念有关。在那里，玉石、奇石甚至是普通石头成了扎西人与大自然、人们心灵世界以及自然万物灵性世界沟通的纽带。

许多扎西乡的老人说：这些石头是用来积累功德的，不属于任何人，为了更好地实现功德，要在上面标记上功德的符号。他们所指的"功德符号"就是指在石头上刻上六字真言或者一些经文。这些石头可以被放到寺院中，或者摆放在白塔周围，也可以让它们保持原状。对那些极好或极重要的石头，老扎西人则主张不要移动它们的位置，不要打扰它们，就让它们存在于那个最适当的位置，这是一种最好的选择。圣湖中、圣湖边以及河水中的石头，都是忌讳随意带走的，因为在他们看来，这些石头在水中获得了生命，并与圣水一起给当地带来了吉祥。

扎西人都知道当地关于天珠的一个故事。天珠是西藏文化的代表性器物之一，关于其起源和作用有许多神秘传说，有的说天珠从天而降，可以拯救百姓，护佑众生；有的说天珠是活的，有缘人才可以得到，无缘人则无法拥有；有的说天珠可入药，能医治疾病；等等。不过，对天珠的专门研究为我们提供了一些确定的信息：天珠是珠子形状，上面有各类纹饰，材料以玛瑙为主，兼有化石，后期还有人工合成的料器等。①

许多年前，一位牧民在圣湖边看到了一颗天珠，他十分激动欢喜，终没有经受住诱惑，把天珠从水中取出来带回了家。牧民们把天珠视为至宝，他也不例外。他知道，天珠是一种重要的而且价值连城的珠宝，在拉萨冲赛康市场中，一颗好些的至纯天珠的价格要几百万元。回家后，这颗天珠被供奉在他家中，但他总是感觉心神不宁。几天后，他来到了附近的寺院，僧人劝他把这颗天珠放回湖中去或者虔诚地放在家中，不要出售谋利。几年后，因为家里缺钱，他把天珠卖掉了。此后，他总是身体不好，精神恍惚，家里人也总是有不好的事情发生。这个牧民也因此对出售天珠的事后悔不已。此后，这件事在当地似乎成了一个重要的标签或者警示，时刻提醒着人们在面对圣湖的天珠、玉石和其他

---

① 王文浩，陈学建．象雄天珠［M］．北京：蓝天出版社，2016：4.

奇石时的选择。

天珠的故事并非扎西乡的孤案，在那里还流传着许多其他与石头有关的故事。不过，仅仅从这一件事当中，我们就能够感受到相当剧烈的思想冲击。显然，它与我们平常听到、看到关于收藏奇石、买卖玉石一夜暴富的故事有很大的差别，或者说有一部分内容是不同的。牧民在获得了天珠后，虽然也格外兴奋，但这种兴奋不同于玉石商人的兴奋，他们的兴奋不是因为感觉到了经济利益，更不是钱财带来的幸福感，而是来自内心的一种纠缠，可以说，拥有珍宝反而给他们带来了不安和忧虑。我们发现，扎西人与那些石头之间的关系并不能仅仅用工具性的思维方式来解释，因为在他们看来石头并不仅仅是一种谋利的工具，更不能从纯粹的经济利益角度来分析。在这样的故事中，我们可以感受到石头对扎西人某种别样的影响，让他们反思着自己、生活以及身边的一切。

西方关于人与自然关系的传统研究中存在着典型的“人兽二元论”倾向，该倾向强调动物和自然需要被人类关注，并被人类赋予意义。①按这一传统的理解，石头是大自然中没有生命、感觉、知觉和情感的东西，它注定了只能是人类的工具，没有人赋予它们意义，它们就什么也不是。一般来说，人们收藏奇石、玉石，主要是受玉石市场力量的驱动，当然，其中也有个人喜好因素，但专门从事这类生意的人很难如扎西人那样看待、定义和对待石头。在老一辈扎西人的眼中，石头是有生命的，而且石头的生命与他们所有人以及他们的生活联系在一起。可以说，那些石头与当地扎西人的主体性有某种共生性，体现着人们对生活、自然和世界的理解与实践。

本研究关注的理论问题，本质上是人与自然关系建构的问题，或者说是人与自然建构成有机体及二者之间关系的演变机制问题。

从人类学角度来说，主要存在这样一种关于自然的观念，这种观念

① HURN S. Anthrozoology：An Important Subfield in Anthropology［J］. Interdisziplinäre anthropologie，2015.

把自然划分为外部自然和内部自然，前者被称为“生态系统”，后者被称为“人类天性”——它们常常被视为相对的两极。人类文化需要区别于自然，它同时意味着要改变自然的东西。在研究中，研究者主要关注两个方面：一是研究自然与文化之间的关系是如何形成的以及这种关系的功能是什么，二是研究生态系统与人类天性是如何影响社会和现实生活的。人既是自然之中的，同时人又创造着文化，并用它把自己与自然区分开来。

在模式化的思维认知中，人应该是自然的主人，人支配着大自然中的动物、植物以及绝大部分无生命的东西。这些看起来听起来都是自然而然的，没有什么值得关注或者怀疑的，但我们是否需要反思这种关系呢？至少，我们应该慎重对待它，这不仅仅是出自学术研究的问题意识，也是对人类社会快速发展引发的危机意识的一种正视和应对。我们需要提出这样一个问题：除了人，其他所有的自然之物，它们是否具备某种主体性，或者说，它们是否应该被视为某种意义上的主体？如果它们作为主体，那它们又是如何成为主体的？马克思曾从哲学角度提出这一问题，他不但否定了只有人可以作为主体的观点，而且进一步提出了人与自然之间的互主体关系。[1] 我们需要意识到其中的重大意义，需要反思我们日常生活中那些习以为常的观点和态度，这应该构成我们这个时代需要格外关注的重要理论问题。

再直白一些说，如何看待人与自然互为主体关系的生成、作用与可能演变，它必然构成一个重要的学术问题。从建构主义角度来说，把石头看作有生命的，人类与之生成各种各样的关系，这只是众多可能中的一种——当然，建构主义很少把人与非生命之物间的关系作为关注的核心对象。建构主义主要探讨人类社会诸种关系的生成与作用，并对各种形式的知识进行反思——人与物的关系同样包括在内。在本研究中，笔者将对建构主义进行系统反思，并基于此借用建构主义的一些思想和方

① 俞吾金．“自然历史过程”与主体性的界限［J］．吉林大学社会科学学报，2005（4）．

法，尝试从话语、精神、行为等维度探索扎西乡的人石关系，并与建构主义的主要研究领域进行对话，提出理解与分析扎西乡人石关系的一种思路。

第二节 田野场概况

本研究中的田野资料主要来自笔者的博士学位论文研究选定的田野场。研究中涉及大量的人物、故事和相关的具体信息，本书中均将其匿名或化名处理。这样做的原因主要有两个。一是许多被调查者明确要求进行匿名或保密处理，基于田野调查与社会学、人类学研究中的研究伦理原则，对一些在当地人看来较为敏感的信息进行必要的处理。二是本研究与笔者的博士学位论文具有一定的研究连续性，并且资料也具有一定的相关性和连续性，同一田野场的人物和社会信息等在两项研究中实现统一，这样有助于读者进行对比性阅读和理解，也可以更好地达到匿名和化名的效果。

需要特别说明的是，田野场中的县、乡对应化名分别为扎西县和扎西乡，其他行政区划名称不做改变；另外，研究中使用的县志和其他与县、乡相关的文献资料也均做相应化名处理，扎西县的县志化名为《扎西县志》，涉及县、乡的文件资料均化名为扎西县、扎西乡相关文件资料名称。

在博士学位论文中，笔者已经对扎西乡做了较为全面系统的介绍，因此在本书中只对部分重点内容进行简要介绍，将着力点放在那些未在博士学位论文中进行详细介绍但与本研究有着密切关系的内容上。

通过对扎西乡田野场的介绍，我们将发现：扎西乡已经从传统的较为封闭的牧业社区逐步转变为开放的、信息丰富、生计多元的现代式的小乡镇社区了。伴随着快速发展的旅游业，扎西乡发生了急剧的社会变迁。我们现在感受到的扎西乡，到处充满着激情和活力，人们的生活水平得到了大幅度提高，同时，当地的一些关系和文化也面临着新的境遇。

一、地理与环境

纯牧业乡，这是扎西乡以前最大的标签。它由两个自然村组成：扎西一村和扎西二村（以下简称“一村、二村”）。扎西乡位于西藏阿里地区的东南边缘，在地图上处于一个格外显眼的位置，一是位于边境线上，同时接壤印度与尼泊尔，大体呈凸出的角状形态。扎西乡全乡面积为5095平方千米，由牧场、禁牧区和一些荒滩构成。乡政府和村两委所在地海拔为4620米，那里也是全乡集中居住区域，安居房和边境小康村建设住房集中在那里，并且紧邻圣湖玛旁雍错。

图1-1 扎西乡牧场一角（摄影：赵国栋）

阿里地区唯一的国道——219国道从扎西乡旁穿过，这条国道成就了扎西乡在西藏西部重要交通节点的地位。随着商业活动的增加以及基础设施建设的快速推进，扎西乡已经具有了农牧区内相对较好的住宿、餐饮和购物条件。2021年底建设完毕的边境小康村进一步提升了扎西乡的整体居住条件，形成了繁华乡镇的基本风貌。来自五湖四海的游客和香客们云集在这里，让这个原本宁静的牧业乡变得车水马龙，甚至有一种现代都市般的繁华。

扎西乡的气候属于高原寒带季风半干旱气候，常年气温较低，冬季寒冷干燥，多风沙。扎西乡境内共有大小湖泊 7 个，大小河流 15 条。“圣湖”玛旁雍错、“鬼湖”拉昂错以及贡珠错是面积较大的湖泊。扎西乡区域内太阳能资源丰富，每年有 275～330 天的时间日照时数大于或等于 6 小时，年日照率为 73%。在 2020 年国家电网贯通之前，扎西乡政府、边防派出所、扎西乡小学、救援中队等机构以及全部居民主要依靠太阳能获得电能。对太阳能较充分的利用为当地生产、生活与旅游业的开展提供了支撑和便利。

二、历史沿革与人口

清康熙二十五年（1686 年）后，扎西县地方主要由“扎西宗”统辖，当时包括扎西、巴嘎、仁贡、多油、赤德、吉让、细德和科迦等一些区域。至 1950 年，扎西宗仍辖仁贡、多油、吉让、赤德、细德、科迦村和扎西部落。在当时，扎西乡的范围主要包括公珠部落、奴奴部落、霍尔堆玛部落和邦仁部落，共有 244 户 858 人。以放牧部落形式组成的生活社区长期存在，直到 1999 年才形成了扎西乡目前的行政格局。由于地处偏远，环境恶劣，直到 21 世纪初，扎西乡人的生活还保持着部落社区生活时的主要方式和特征，人们与牧场、动物与大自然的关系主导着他们生活的主要方面。

1950 年，扎西乡共有当地人口 244 户 800 多人。至 2018 年底，扎西乡当地人口增长至 559 户 2195 人。在 20 世纪 50 年代的民族识别中，扎西乡境内的群众被认定为藏族，当时并没有外来人口和其他民族人口。从 20 世纪 60 年代开始，一些汉族干部与大中专毕业生陆续进入扎西乡工作和生活，但是数量很少。扎西乡政府工作人员中以藏族同志为主，近几年汉族同志保持在 1～2 名，但驻扎在扎西乡里的其他单位，如边防派出所、救援大队、驻村工作队等单位中的汉族同志较多。进入

21 世纪，扎西乡的外来人口数量快速增加。2011 年外来人口有 30 人左右，2019 年有 170 人左右。外来流动人口的增加不但影响着当地的人口结构，也使这个偏远的牧业乡变得更加多元，更加开放，更加具有商业气息。

三、生计和商业经营

在进入 21 世纪之前，扎西乡长期保持着自给自足的生活方式，并与现代化的思维、产业、生活、贸易等均保持着一定的距离。传统的畜牧业是当地最主要的产业，甚至是唯一的产业。在封建农奴制历史中，草场、牲畜等生产资料主要被贵族、农奴主和寺院高层的僧侣们占据着，普通牧民和农奴们占有的很少，大多数人依靠在牧业中出卖自己的劳动力为生，拥有一些牲畜的普通牧民则与牲畜、草场之间保持着密切的关系，或者说，他们非常珍视家中的牲畜以及可以使用的草场。可以说，人与牧区中的动物们相依为命，似乎构成了当时牧区中的一种生活方式和生态现象。

图 1-2　扎西乡用于种草的机械（摄影：赵国栋）

这种生活、生产形式和生态现象共同支撑着那里的经济形态——如果可以用“经济形态”来形容的话，在牧场上流动性的放牧就是扎西人的经济，人们根据牧场的四季变化形成了他们的生活模式和经济模式，保持着自给自足的状况。1959年，西藏民主改革之后，扎西乡的牧民群众真正成为牧场的主人，牲畜数量也开始多了起来。改革开放后，草场和牲畜承包给了牧民个人，市场化的牧业逐渐成为青藏高原牧业的主流，但在扎西乡，传统的牧业形态一直延续到21世纪初期。在国家的关心爱护中，在全国支援西藏建设的情况下，大批援藏干部和大量建设资金进入扎西乡，扎西乡也随之发生了快速的转变，基础设施建设快速推进，旅游业蓬勃发展，商业活动繁荣起来。

2018年末，扎西乡牧民共存栏牲畜47764头（匹、只），其中牦牛7404头，其余为当地的藏山羊和绵羊（一部分是改良品种）。牧民们共承包了407万亩的草场，其中可用于放牧的草场达307万亩，其余的多为禁牧区。虽然仍有牧业和牲畜，但是商业经营取得的收入已经逐渐超过了牧业给他们带来的收入，牧业收入在总收入中的比例降到了一半以下。

乡里的商店、超市以及各种各样的旅馆、饭店不下几十家。外来经营者已经成为当地商业经营者的重要组成部分。会聚在扎西乡的外地人主要有四川、东北、河南以及西藏其他地方的生意人，以昌都、日喀则的居多。2011年，在“驻村”工作开始之后，驻村工作队的进入让那里进一步充满了活力，工作队推进的基础建设项目以及为牧民群众办的好事、实事在当地都产生了巨大的影响，也成为牧民们接触外部世界、转变思想观念的重要媒介。扎西乡的大量安居房被用来出租给外来客商从事商业经营，另外一些则被扎西人自己利用了起来，如开茶馆、开商店或者用来做其他生意。

随着经济建设的推进和商业经济的发展，扎西乡牧民们的收入有了大幅度提高。2019年底，扎西乡顺利实现了脱贫摘帽，步入了小康社会，当年全乡人均纯收入已经接近12000元。

四、消费之变

在部落社会时期，扎西乡基本不存在持续性的商业贸易，偶尔零星的“交换贸易”——如果那些交换行为可以称得上贸易的话——支撑着牧民们的日常生活，满足他们极其微弱的生活需求。人们通过牛羊肉、奶、奶渣、酥油等畜牧产品换购糌粑、茶叶、糖、盐以及其他生活用品，满足生活的一些基本需要。在扎西乡，交换的消费模式持续了很长时间，甚至在20世纪60年代部落制结束后，仍然有许多人沿用着以物易物的传统——这也就加大了当地对物的重视程度，相应地削弱了金钱的实用性和认同度。可以想见，金钱对扎西人的现实意义并不大，甚至是微弱的。在当地，并不存在专门的商业经营者或者叫作“商人”的人，不过，每过一段时间，当地的一些寺院会派出一些人外出采购，同时也会组织开展一定的贸易活动。除了生活必需品外，牧民们的其他消费是很少的，甚至没有。在放牧转场中，要使用的帐篷是由自己家中的牦牛毛编织的，牦牛、马等牲畜就是交通工具。家里也不需要什么像样的家具——这可能与牧业活动的特点相关。可以说，如果不考虑阶级剥削和压迫，那么扎西乡牧民们的传统消费状况应该是努力保持着一种自给自足的状态，如同生计的自给自足，是一种节制型的、以生存为主的消费状态。

消费模式的快速转变发生于进入21世纪之后。整体来说，牧民家庭中牛羊牲畜的自用消费量大幅度增加，曾经长期占统治地位的那种“惜宰惜售”现象逐步瓦解。汽车、摩托车等现代交通工具已经取代了牛马交通。机动车成了乡里的主流，几乎家家户户都有摩托车，拥有汽车的家庭比重达到半数左右，农用拖拉机的拥有量也大幅度增加。从数据来看，2019年扎西乡的机动车户均拥有量达到1.19辆。随着2014年第一批安居房建设完毕并投入使用，扎西乡牧民们的居住条件得到了大幅改善，随后国家又下拨专项资金对各类房屋进行了修缮。2021年底，整齐高档的小康村标准村居住房正式竣工落成。在这种情况下，扎西人更加注重对房屋的经营和利用，用来做商业经营用房占据了主流，其中一部分房屋租给了外来的商客。牧民们的家中也不再是以前那样“清贫”，高档的藏桌、藏柜甚至欧式风格的家具逐渐走进了安居房中。以2018 年为例，全乡较高档的藏桌、藏柜分别有 2691 个和 773 个。

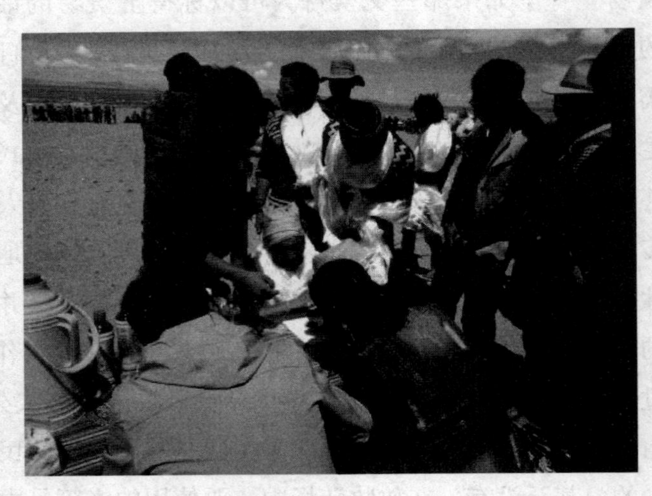

图 1-3　扎西乡群众参加赛马活动（摄影：赵国栋）

国家电网于 2020 年成功在扎西县贯通，牧民们用电更加方便。随着大量手机通信基站的建成，手机使用进一步普及。调查发现，除了个别的老人和大多数儿童外，几乎每位扎西人都有自己的手机。他们使用的手机多是专门设计的，安装有藏文操作系统。根据牧民们自己的特点，这些手机都比较耐用。网络和手机的出现与普及为扎西人传统的牧业生活带来了许多不一样的东西，人们由此看到了不一样的世界，而且轻而易举地与外面的世界建立起了联系。在这一过程中，牧区中的一些传统观念和文化受到了较大的改变。

五、文化与景观

扎西县有丰富的自然生态景观和人文文化景观，有许多就位于扎西乡境内。玛旁雍错是青藏高原最有名的天然高原湖泊之一，同时有着浓郁的宗教人文色彩。玛旁雍错的面积超过 400 平方千米，属于高原淡水湖泊，湖水的透明度高也是它的特点之一，这在许多文献中都有相关记载。在佛教文化中，玛旁雍错有着崇高的地位，被视为著名的圣湖。在一些传说故事中，它被描绘成是西王母居住的“西天瑶池”，还有一些传说把它说成是天上仙女沐浴的地方，也有的故事把它塑造成“神山”冈仁波齐的妻子，不一而足。这样的神话故事不但在扎西乡尽人皆知，而且广泛流传于青藏高原广袤大地上，甚至在印度、尼泊尔等地也有传颂。在旅游季里，或者有特定的宗教活动的时候，大量的信徒就会从四面八方会聚到圣湖边进行朝拜，开展神圣的“转湖”活动。对一个成年的普通人来说，徒步转湖一周一般需要 2~3 天。“转湖”对信奉藏传佛教和苯教的人来说，既是一种格外重要的活动，也是一种颇为重要的朝拜仪式，同时还是一种内在的精神仪式，所以具有重要的意义。在扎西乡境内，除了玛旁雍错外还有一个重要的湖泊，叫作贡珠错。玛旁雍错是淡水湖，贡珠错却不同，它是一个盐度很高的咸水湖。围绕着贡珠错也有一些神话故事，但是其中的宗教色彩并不如玛旁雍错那样浓厚。可能出于这样的原因，在扎西人眼中，他们更看重贡珠错的风景绮丽和独特的咸水特征。每到晴天，阳光泼散而下，贡珠错岸边的白色盐碱成分就会反射出耀眼的光芒，蓝天仿佛嵌入了水中，水天相连，贯通一色。贡珠错因而也成了扎西县一处重要的旅游景观。

在玛旁雍错周边分布着多座寺院。其南面是可以观赏圣湖景观的楚古寺，那里还建有可以观览神山的观景台，据说每到一些特殊的日子，就可以从那里看到神山的倒影出现在湖中。其东面是色热龙寺，西面是果粗寺。有几处温泉散布在湖水周边，其中最有名的当数位于湖西南方向的曲灿隆巴沸泉。在乡政府人员的引领下，笔者实地考察了两次。乡政府人员向笔者介绍，据地质专家勘测，该温泉是西藏最优质的地热资源之一。经过测量，主泉口处温度可达 95℃以上，而温泉的面积也是较大的。虽然没有被正式开发，也没有公开宣传，但一些资深的西藏旅游者却已经对曲灿隆巴沸泉了如指掌，还有大量的拉萨导游，更是以它作为招徕生意的秘密武器。这样一来，扎西乡的旅游热度被曲灿隆巴沸

图 1-4　结冰状态下的玛旁雍错（摄影：赵国栋）

泉提升了一大截，或者说，是那些旅游从业者通过曲灿隆巴沸泉提升了扎西乡的旅游人气。每到旅游季节，慕名而来的人就多了起来。

扎西乡不远处也有一些重要的旅游资源，“神山”冈仁波齐当数其中的佼佼者。佛教、印度教等多个宗教都把冈仁波齐视为世界的中心，每天都会有来自世界各地的大批朝圣者到那里朝拜、转山。由于距离较近，而且同为宗教文化圣地，所以朝圣者中的大多数人也会趁机去朝拜玛旁雍错。在扎西县县城附近，分布着古宫寺、贤柏林寺、科迦寺等多个有名的寺院。这些寺院每一个都独具特色，体现着特定的宗教文化和独特的人文元素。另外，扎西县内还有一个规模较大的边贸市场“中国西藏扎西边贸市场”。来自印度、尼泊尔的商人们在那里从事贸易活动。在县城周边各村，也保留着丰富的传统歌舞和服饰文化。主要存在于科迦村的“孔雀飞天服”颇为有名，参观者络绎不绝，这也成为许多旅游者到扎西县旅游的一项重要参观内容，“孔雀飞天服”成为村民们增收致富的重要途径。

自然景观、文化资源与市场结合就能够带来经济收益，这一点似乎无须怀疑。进入 21 世纪后，随着西藏自治区、阿里地区和扎西县对旅游产业的大力推进，作为藏西旅游的重要景观区和重要休整地的扎西乡自然被塑造成了一个重要的旅游乡镇，旅游业成了扎西乡的重要产业，甚至有取代牧业成为主导产业的趋势。旅游业带来的机遇和效益让县、乡政府颇为自豪，旅游带来的致富效应在扎西乡上空激荡着。似乎，牧民们已经不必再沿用他们那些古老的牧业生活方式了，加入旅游产业之中，利用丰富的旅游资源增收致富，已经成了扎西乡的一股不可抗拒的洪流。

第三节 概念与研究方法

一、主要概念界定

本书中所讨论的石头既包括各种各样的宝石，如玛瑙、玉石、珊瑚、天珠等，也包括那些虽然石质普通，但形状、图案奇特的石头，还有那些在当地人眼中具有某种特殊性或者在日常生活中具备某些实用性的普通石头，我们姑且把这样的石头称作扎西人眼中的“灵石”。成为灵石的关键是这些石头必须具备某些特征，这些特征要能够激发人们的某些想象，并可能通过当地人的主体性、文化底蕴构建出人与石之间的某种关系。因此，通过灵石，我们可以发现特定的人石关系，而在这些关系背后则是人与人、人与自然、人与生活之间的关系，我们可以把它们看作被拓展和可拓展的关系。由此来说，我们可以把灵石看作当地人建构性特征的一种重要的依托和表现。

本书中“卵”的意象，它强调的是基于大自然中实在性的卵所形成的一种具备文化特性的可能，在青藏高原石文化中，“卵”被看作一种可以生发、赋予生命的人与自然关系的有机体。在本书的具体研究表述或故事中，不同情境中的“卵”被用来指代特定的内涵和关系，如在特定青藏高原社区内，“卵”被用来指代某种有机关系，它可以作为一种文化因子，一种文化的种子，从而发挥文化纽带的作用，尤其是人与自然关系的纽带功能，构建起在特定区域内或者特定社会群体内的精神链接和支撑图式。

二、研究方法

本书主要运用了两大类研究方法。一是资料的收集和分析方法，如参与观察法、深度访谈法；二是文化的阐释方法，如话语分析、诠释互动分析等。在具体开展研究的过程中，不同方法之间并不是孤立的，也不是独立出现和运用的，笔者在不同方法之间努力实现它们相互之间的连贯和彼此支撑，如在参与观察中进行必要的文化阐释，在诠释互动分析中运用深度访谈。在运用这些研究方法的过程中需要格外注意三个方面，对这三个方面的探讨将有助于我们反思人类学研究中方法运用的问题，也有助于更好地理解本书的研究过程与结论。

1. 恰当把握和运用田野调查

扎实的田野工作而不是实验或者数理分析，是人类学研究的根基。研究者对田野有深度的沉浸是人类学研究的最主要特征之一，在这种沉浸过程中形成对资料的记录、认知和系统化的解释。从这一点来说，人类学运用田野研究方法实际上存在着对研究人员自身高度依赖的内在限定，研究者本身就是研究工具，或者说，研究者此时比他（她）使用的其他研究工具更为重要。

当研究者自己成为研究工具的时候，我们很难明确界定资料收集阶段的起始与结束，也无法清晰给出解释的开始与结束的确切时间点。研究中使用的数据资料与运用的研究方法有时也并不是被完全限定在特定范围内的，而是充满着一种弹性张力。本书中运用的各类资料是笔者在较长时间内获取的（从 2016 年至 2022 年），不同案例、数据之间也存在着对话，这种张力直接影响着本书的研究过程。由此来说，除了研究中确切的时间、空间以及它们的边界性外，许多时候我们面对的大量田野元素并不是固定不变的。既然人类学研究者面对的是一个每时每刻都在变动的社会世界，那么人类学所提供的文化解释必须具有较好的张力，并在这样的张力和过程中分析、选择使用的方法与手段，同时要考虑到可能产生的成本等问题。

对一个规模较大的社区来说，我们要实现“全面”进入式的观察难度是较大的，甚至是不可能有效实现的。因此，在研究过程中研究者有必要秉持一种反思性的、缜密化的田野调查的实践惯性，使在田野的不同情境下使用的方法体现出一定的恰当性、灵活性与开放性。①

2. 应对写文化风险

在人类学研究中，研究者必然要开展写作过程，而写作的过程必然隐含着一种写文化的风险。克利福德·格尔茨强调，人类学家们以一种写作的方式把田野故事、社会面貌与文化体系呈现出来，但是这并不能，也不应等同于客观性的叙述。因为写作的过程实际上充满了文学性的元素，充斥着大量的建构元素，体现出建构的特性。从人类学家开始田野过程，直至完成对田野故事的描述，他们就已经拒绝了从其他角度展开叙事的可能，同时我们又无法有效排除这样的可能：对研究者来说，其他叙事会有更好的意义或者效果。所以，在书写文化时存在着受历史局限而从中进行选择与建构的特征，这也构成了一种写作风险。

在写作中，人类学研究者仿佛已经进入了一种自我建构的模式，他似乎是一种全知全能的人，用各种技术性话语或者华丽的辞藻、修辞来描述和讲解故事，此时没有什么力量可以有效保证他（她）是在做客观的阐述，或许只有他们自己以及他们讲述的对象能够分辨，或者他们自己也无法分辨，但从写作的角度来说，他们多数时候是被淹没在自己的话语中的，而那些研究对象则几乎是完全沉默着的。文化书写一旦生成，它就体现出一种人类学研究中话语权力关系的不平衡性。

面对文化书写形成的权力关系，人类学研究者应该始终慎重对待，并警醒地反思，甚至要鞭笞自己和自己的写作，既要对自己异常严格，同时也要异常谦逊。作为真正的人类学研究者，必须具备一种更为宽阔

① 伯克，布里曼，廖福挺. 社会科学研究方法百科全书［M］. 沈崇麟，赵锋，高勇，译. 重庆：重庆大学出版社，2017：472-473.

的心胸和气度，时刻注意为另外的可能留出足够的余地，努力把自己写的文本放在一个更广泛、可对话的共同知识背景下——承认自我的写文化带有某些倾向与特征。概言之，在观察与写作时，人类学研究者有必要放弃肆意的独白，并应该把自己放在历史的与对比的秤盘之上。①

3. 处理文化解读两难困境

与写文化风险相关联的是人类学研究中的“虚幻现实”问题，这一问题也被称为“人类学的两难困境”，即如何转译当地人的理解，以及我们如何理解当地人的理解。人类学研究者面对的是由“他者”创造和建构的现实，这一现实对研究者来说却是一种带有虚幻色彩的现实——他们通过观察得到的互动、仪式、神话等内容并不是“客观意义”上的存在。另外，人类学研究者在开展田野工作时，也要充当文本读者的“转译人”角色，即把当地人理解的世界通过另外的文本呈现出来，文本所要呈现的是格尔茨所说的“钻入当地人的头脑中”去理解他们的文化与生活。② 但人类学研究者真的可以完成这样的任务吗？

西方人类学研究中长期存在着自然与文化之间的分野，而且这种趋势似乎并未得到有效遏制，反而愈演愈烈。一些客观主义者认为，自然是真实、客观的，而文化（有丰富的主观性和多样性）则是非自然的，并不是客观意义上的存在。已有的一些研究以及我们所经历的历史对这样的理解提出了质疑。有一种研究取向认为：人类学家需要对两者的关系进行深刻的反思，至少要摆脱这样的预设束缚，尤其需要关注的是：要把文化放在和自然一样“坚实”的基础之上。

对人类学研究者来说，当地人的“神话”实际上就是他们传统的一种“谈话”和以特定方式在某种程度上的自我表征，或者可以说是他们“以前的故事”或“以前的谈话”。既然是“谈话”和表征，那么

---

① 拉波特，奥弗林．社会文化人类学的关键概念［M］．鲍雯妍，张亚辉，译．北京：华夏出版社，2009：225-226.

② 和少英．社会文化人类学初探［M］．昆明：云南大学出版社，2018：183.

对当地人来说神话就意味着具有某种可信性和可借鉴性，也就是说，在当地流传的任何故事文本其实和它们的真实与否没有太大的关系，或者说它们的最大意义并不在于真实与否。从本质上来说，这些文本在当地更多扮演着一种信念的角色，它们是一种共同知识的信念。谈话中的话语越丰富、隐喻越复杂，它们传达出的信念就越坚定，表征也就越深刻，对当地人来说也就越具有影响力。① 在多数时候，人类学研究者面对的就是当地人的理解、信念以及它们的大量表征，研究者必须努力尝试，争取并能够从当地人的角度去感受、领会和运用这些，但同时，他们又不能完全陷入其中，他们也需要站在客位的角度上去开展民族志工作，否则他们就与当地人没有区别了。这样，人类学研究者为了获得更为全面的信息，或者说必然要选择做对比性的解读（当然也包括其他类型的解读）。所以，站在与自然同样“坚实”的文化立场上开展工作，这对人类学研究者来说似乎是格外重要的，而且必不可少。

---

① 拉波特，奥弗林．社会文化人类学的关键概念［M］．鲍雯妍，张亚辉，译．北京：华夏出版社，2009：261-262.

第二章

自然研究与建构主义

本部分主要涉及相关理论探讨和文献工作。一是人与自然的关系一体性问题，二是建构主义研究的拓展问题，即从建构主义角度来看人与自然的关系问题。通过对前者的梳理分析，本书将提出人与自然是一体性的命题，强调人并不高于自然，并且人从自然中获得自我存在的基础与意义。通过对后者的梳理分析，本书将提出人与自然的关系本质上也是一种建构关系，这种建构关系具有进行深入探讨的重要价值——这在传统的建构主义研究中并未受到充分的重视。

可以说，这里的工作为本书提供了重要的理论基础与研究的理论对话框架，并基于此进一步提出并确定本书的研究路径、方法与突破点等重要问题。

第一节　自然研究理论话语及取向

虽然“人与自然关系”这一提法本身存在着一定的问题，即它预设了人与自然的对立状态，或者说人对自然而言具有某种特殊性①，但在本书中，为了让研究更具包容性，避免直接排除或排斥某些观点和方法，尽量在文本回顾与文本书写中突出两者关系的全面性，笔者在梳理

① 叶立国．范式转换：从“人与自然的关系”到“人类在自然中的角色”［J］．系统科学学报，2021（3）．

和分析中仍然沿用这种提法。同时，从整体逻辑上看，这种提法对探讨两者关系问题并不会产生不良影响。当然，这样使用并不代表本书认同或主张人与自然之间的这种关系性。

一、自然代谢：一个重大命题

在人类社会的远古阶段，自然力量与自然崇拜几乎支配着人类群体实践活动的大多数方式和绝大部分内容。这一状况深刻影响着人类社会建构出的其他各类文化，规定和制约着人类文化实践的形成与表现形式。达尔文的进化论广泛传播之后，人们大多数形成了这样的信念：大自然在人类及动植物演变中发挥着关键作用，每个物种的优秀基因得以保存和传递，特定的物种因此而延续和发展，而另外一些物种则被淘汰。英国哲学家、社会学家斯宾塞（Spencer）把这种自然界中的进化思想应用于对人类社会演变的分析中①，社会进化思想得到更广泛传播，并成为一个重要的理论流派。社会进化理论流派认为，社会进化的关键在于人类可以创造他们自己的文化，与自然进化不同，社会进化的动力是文化，而不是自然本身。

美国文化人类学的创始人、人类学家博厄斯（Boas）在研究中降低了大自然中的生物性因素、遗传因素和物理因素的重要性，并提升了人类文化角色的重要性，甚至将其上升到人类个体、人类社会发展中的核心地位。后来，这种格外强调人类文化的研究思路被人类学家米德（Mead）和本尼迪克特（Benedict）等继承并发展，因此而发展起来的文化人类学研究导向逐渐成为20世纪主流的人类学话语。②

一般来说，社会学、人类学的研究传统隐含着人类处于核心位置的假设，很少有人对此提出明确的质疑。在这样的假设下，经济上的进步

---

① 汉尼根．环境社会学：第二版［M］．洪大用，等译．北京：中国人民大学出版社，2009：2.

② 汉尼根．环境社会学：第二版［M］．洪大用，等译．北京：中国人民大学出版社，2009：3.

程度成为衡量人类社会以及人类与自然总关系的关键指标。邓拉普和卡顿是西方环境社会学的重要代表性人物，他们指出：传统社会学研究中有一个共同的假设，即人类是处于自然之外的，这具有一种“人类豁免主义”（Human Exceptionalism Paradigm，HEP）的色彩，并且长期以来“人类豁免主义”构成了一种重要的研究范式。文化是人类的特权，其他生物不具备文化能力，也没有文化。基于这样的假设，HEP 范式强调人类在地球生物中的特殊性，因为具备文化能力，所以人类就具备了逃避自然法则的能力与可能，从而可以免除生物性的限制。① 邓拉普和卡顿进一步指出，在大量的研究中，HEP 的传统显得根深蒂固，并禁锢了研究的想象力，面对这一状况，需要一种“新生态范式”（New Ecological Paradigm，NEP）加以应对。“新生态范式”在观念上做了这样的强调：虽然人类拥有文化，可以运用文化，但人类并未脱离全球生态系统，人类只是地球上的众多物种之一；人类的一些有目的的行为会产生某些意外的后果；人类的生存依赖于生物物理环境，这是一种重要的潜在的限制；人类的发明创造并不能完全消除生态法则。② 根据凯·米尔顿（Kay Milton）的看法，在 NEP 思路下，人类学应转化为“人的生态学”。在“人的生态学”中，人的身体应该受到重视，即把身体作为集生态系统、文化符号、社会实践、情感和认知于一身的自然之中的产物。③西方哲学中的“二元论”把人与自然、生与死、主体与客体分离甚至对立起来，承认自然生态系统的复杂性以及人在其中的生态位问题，实际上是对这种根深蒂固的二元论的一种冲击，甚至可称为否定。奈杰尔·拉波特等指出：要理解生态系统的组织体系递归（后设）模式，这些组织体系才构成了一个完整的生物圈。④

---

① 洪大用．环境社会学［M］．北京：中国人民大学出版社，2021：39.

② 李友梅，刘春燕．环境社会学［M］．上海：上海大学出版社，2004：29-30.

③ 拉波特，奥弗林．社会文化人类学的关键概念［M］．鲍雯妍，张亚辉，译．北京：华夏出版社，2009：29.

④ 拉波特，奥弗林．社会文化人类学的关键概念［M］．鲍雯妍，张亚辉，译．北京：华夏出版社，2009：106.

在经典社会学研究中，也有对人与自然关系的探讨和反思，其中的突出代表就是马克思。虽然有人认为马克思的经典作品中缺乏生态思想，甚至主张马克思在某种意义上是反生态的，但福斯特对马克思"代谢断层"（或称"代谢断裂"）理论的研究，发现并肯定了马克思对人与自然关系的高度关注和重要贡献。在马克思生活的历史年代，资本主义农业与土壤之间的矛盾是最主要的生态危机之一。马克思"代谢断层"理论探讨的中心议题就是人与自然相互代谢作用的"断裂"。马克思用"代谢"一词来指代人与自然界通过劳动结成的有机性，资本主义经济的特点使土壤的构成要素之间产生了分离，这样，人与自然之间的代谢关系就出现了问题。① 人类被从土壤的自然世界剥离出来，马克思称这一现象为"代谢断裂"。② 通过对"代谢断裂（断层）"的分析，马克思既指出了人与自然之间是一体性的关系，也指出了这种一体性关系受到的破坏与挑战。

马克思分析认为：私有制出现之前，人与自然的结合是自然而然的；在资本主义之前的"田园诗"式的小土地所有制时代，生产资料与生产者之间的关系呈现出自然状态，他们在总体上是结合在一起的，不会产生对资源进行过分掠夺的情况；进入资本主义社会之后，生产资料与劳动者相互分离，两者形成了对立的关系。马克思指出，资本主义的生产以人对自然的剥夺为前提，同时，资本主义也对"人本身的自然"进行剥夺，虽然两者的表现形态和面貌有所不同，但是同根同源，都来自资本主义生产方式的本质特性：逐利性。③

阿兰·施耐伯格（Allan Schnaiberg）汲取了马克思主义政治经济学和新韦伯主义社会学的相关思想，针对资本主义产生的人与自然环境的脱离和冲突，他提出了一种政治经济学的解释，勾勒出了经济扩张与环

① 李友梅，刘春燕. 环境社会学［M］. 上海：上海大学出版社，2004：34-35.

② 汉尼根. 环境社会学：第二版［M］. 洪大用，等译. 北京：中国人民大学出版社，2009：9-10.

③ 窦凌，耿如梦.《资本论》中人与自然关系二维向度思想及当代启示［J］. 江苏大学学报（社会科学版），2022（1）.

境破坏之间矛盾发生的根源所在①，形成了有名的“苦役踏车”（亦译为“生产永动机”）理论。“苦役踏车”理论指出，资本主义社会政治经济制度的特点决定了大规模生产的广泛存在，而且不可避免地造成一种恶性循环，即大量生产—大量消费—大量废弃，如此循环往复，必然会呈现出生产与废弃不断增加的趋势，这样，人类与自然之间的关系就会变得越来越紧张，并带来严重的环境危机。②

20 世纪 70 年代，阿恩·那思（Arne Naess）提出了“深生态学”思想，主要针对的是传统的环保观点和生态学观点。那思认为，传统的生态学观点多呈现出“肤浅的环保主义”，以人为中心来看待人与自然之间的关系。“深生态学”强调以生物或生态为中心，认为每个物种都因为它们内在的价值而具有相应的生存权利，这种生存权利与它们对人类而言的价值性没有任何关系。同时，生命形式是多样的，不能因为人类自身而对其他物种造成威胁，更不能造成其他物种的减少。所以，人类应该减少人口生产以有利于其他物种的生存，降低消费水平和减少资源滥用应该是必要的选择。基于这样的主张，“深生态学”提倡绿色消费，使人类消费对自然产生的影响程度降到最低，同时主张开展基于绿色生态原则的政治运动，建立相应的政党。③ 针对“深生态学”的这些主张，有研究者指出，虽然“深生态学”强调对“主客二分”世界观的超越，但是在具体的实践中却很难落实，因为实践的主体是具有能动性的人，自然元素常常是人的实践对象，由此就形成了“深生态学”的某种自然中心主义价值观导致的抽象主义，在实践中无法落实它自身的原则，或者困难重重。④

在看待和处理人与自然关系时，社会生态学强调对社会公正性因素

---

① 汉尼根．环境社会学：第二版［M］．洪大用，等译．北京：中国人民大学出版社，2009：20.
② 李友梅，刘春燕．环境社会学［M］．上海：上海大学出版社，2004：36.
③ 李友梅，刘春燕．环境社会学［M］．上海：上海大学出版社，2004：202.
④ 张涛，徐海红．人与自然共生正义的困境与重构［J］．北京林业大学学报（社会科学版），2021（4）.

的考量，要看到不同群体、力量对人与自然关系的影响是不同的，不存在一个统一的标准界定，是谁造成了人与自然关系的紧张甚至危机。不同于“深生态学”认为工业社会导致的物质消费是引发人与自然关系紧张和危机的根源，社会生态学主张资本主义社会不平等的社会经济制度才是生态危机发生和加剧的根源。①

面对现代社会的风险性，社会学家贝克提出了有名的“风险社会”命题，他公开批评现代性及其伴生的各类风险，他的一个颇有影响力的观点是：“饥饿是分等级的，烟雾是民主的”，以此来批评现代性给环境带来的危机以及人类自身面对的环境危机的严峻挑战。不过，贝克对“风险”持一种相对乐观的态度，他认为现代性将最终有能力解决它所带来的各种风险和引发的种种问题②——这当然包括人与自然之间的矛盾以及人类在其中面对的风险。

在对人类社会未来前景的预期与寄托方面，与风险社会的观点相似的还有生态现代化理论。生态现代化理论强调，人类社会最终仍需要用现代化的方式来解决人与自然之间的矛盾和危机。基于德国学者哈勃（Huber）的观点，该理论把现代化作为人类社会的一个历史阶段进行分析，包含着通过“超工业化过程”实现工业系统的生态转换之意，新技术是现代化的超越性成为可能的关键因素。生态现代化理论在现代化理论的基础上，进一步强调通过技术实现对“生产—消费”结构性的重构，最终使人与自然之间的紧张甚至冲突关系得以解决。生态现代化理论拒绝了“深生态学”对关注中心的转换，也不同于社会生态学把对社会制度与社会不平等作为关注的中心议题，同时拒绝了舒马赫（Schumacher）提出的“小的是美好的”观念，并怀着一种挥之不去的技术乐观主义的气息，在可能的基础上推进了不断扩张的生产与

---

① 李友梅，刘春燕. 环境社会学［M］. 上海：上海大学出版社，2004：202-203.

② 汉尼根. 环境社会学：第二版［M］. 洪大用，等译. 北京：中国人民大学出版社，2009：23.

消费。[1]

汉尼根指出，在西方环境社会学中总体存在三种与环境相关的话语体系，即田园话语、生态系统话语和环境正义话语。田园话语强调自然具有无价的美学和精神价值，生态系统话语强调人类对生物群落的干涉会扰乱自然的平衡，环境正义话语强调所有的公民都有在一个健康的环境中工作和生活的权利。无论哪种话语类型，它们都支撑和鼓动着研究者进一步开展对人、社会与自然之间关系的研究，这对该领域的研究事业来说是有好处的，对推动人与自然关系的相关实践活动也会产生积极的作用。不过，想要在认知和实践活动中弥合自然与社会之间的分裂关系，“仍然是一项难度系数很高的大力神似的工作”[2]。

汉尼根试图弥合这种分裂关系，为此他采用了建构主义的立场，提出了一种更具包容性的观点，并产生了较为广泛的影响。汉尼根强调，“自然界具有难以置信的不可预期性和力量”[3]，但是没有必要把自然从社会中分离出来，也没有必要把社会从自然中分离出来，两者之间有明显的互动关系，在这种互动关系中，有时人类作为“领舞者”，有时由大自然领舞。汉尼根的这一观点属于主张人与自然共生关系的建构观点，显示了人与自然互为主体的特征。[4]

从建构主义的关系视角来看，汉尼根的这一观点具有重要的意义，他试图对各种观点进行对比，努力将它们进行糅合、综合，进行一种回归性的工作。人成为“领舞者”看似更容易理解，我们随处都能看到这样的景象，人们对此也已经习以为常；但是自然成为“领舞者”，这样的想法可能会让人感到一种恐惧。自然为主体，甚至成为“领舞

---

① 汉尼根．环境社会学：第二版［M］．洪大用，等译．北京：中国人民大学出版社，2009：26.

② 汉尼根．环境社会学：第二版［M］．洪大用，等译．北京：中国人民大学出版社，2009：40-41.

③ 汉尼根．环境社会学：第二版［M］．洪大用，等译．北京：中国人民大学出版社，2009，中文版序言：1.

④ 张涛，徐海红．人与自然共生正义的困境与重构［J］．北京林业大学学报（社会科学版），2021（4）．

者”，会发生什么？这是许多人最大的“担心”，因为人们必然、也最容易想到的是给人类社会带来无数灾难的自然灾害。在自然灾害中，人类是渺小的、脆弱的。这是人类一直在尽量避免的自然的消极方向。想要让大自然成为积极的“领舞者”，需要依靠人类积极参与和作为，而不是一味地顺从自然，更不能消极地利用自然。这是一种积极构建自然作为“领舞者”的观点。

之所以要建构一种自然作为积极“领舞者”的角色和过程，不只是基于我们前面所论及的诸多理论困境和现实生活中的实践困境，还在于我们已经掌握的生态系统所具有的某些重要特性。如果把自然界看作一种内部相互交流、相互依存的综合体系，那么我们就要正视这种体系的特征，并按它所具有的规律选择走向。我们可以这样归纳其中的一些重要特征：

> 生态系统可能是极其复杂的。总是处于辩证摇摆的状态中，具有多重层次，层次相互之间和层次内部都在进行摆动的循环，通常含有矛盾和必要的反思性自平衡导向，有时会带来循环的扩大和临界值的上升，以及“逃逸”的开始和系统的瓦解。①

以上这些特征警示我们，人类作为生态系统中的一员，需要谦逊地学习，深刻地反思，并时刻警醒生态系统的整体演化迹象和趋势，尤其要注意某些逃逸现象和瓦解现象。虽然我们只是自然中的一个元素，是自然代谢中的一个组成部分，但人类社会的演变对大自然造成了越来越大的影响。严肃、认真、系统地评估这些影响以及两者的相互作用，已经成为极为迫切的重大任务。

二、儒学：天地位，万物育

中国不同流派的传统哲学以及大量的思想家们很早就意识到了人与

---

① 拉波特，奥弗林．社会文化人类学的关键概念［M］．鲍雯妍，张亚辉，译．北京：华夏出版社，2009：106.

自然关系问题的重要性，并将其纳入思考、分析和实践的范畴。通过中国一些先贤思想家的解读，我们已经能够看到中华优秀传统文化中人与自然相统一、相和谐的一面。“天人合一”是中华优秀传统文化中最重要的一个方面，颇受思想家的重视，也深深影响着普通大众的世界观、价值观与自然观。在本质上，“天人合一”的观念与追求人与自然的内在统一是相一致的。我们可以把“天”看作对自然界的总称。基于“天人合一”思想，人在根本上是自然界的产物，自始至终是自然界的一部分或构成元素，不存在人凌驾于自然之上而成为主宰者的逻辑基础。人因其文化而成为自然中一个具有特殊性的主体，但这个主体是有限制的，不是没有边界的，更不是万能的，有学者指出，从哲学角度来说，人的根本在于与自然和谐统一的德行主体。①

中国传统哲学并不主张功利化地利用自然，从诸子百家开始已经形成了这样的基本取向：主张和强调生命存在的自然性以及生命存在的意义与价值。道家强调自由、大道，儒家强调道德、仁义，这些被界定为基于自然界生发而出的人的存在、意义与价值的根本所在。由此来说，自然界在中国传统哲学思维中就具备了某种“内在价值”，自然并非外在于人，而是与人的生命和价值息息相关。② 我们应如何理解这种相关性？不可否认，中国传统哲学对自然“内在价值”的界定有一种“神秘主义”的情愫在发挥作用，包含着或者说体现于敬畏、崇拜、报恩等元素，这些元素与“对错”“好坏”“迷信”等词汇并不存在什么直接对应关系，也不能直接挂钩，因为自然的“内在价值”实际上属于一种基于实践的共同知识的范畴，与群体生存和社区生活世界的整合有着密不可分的关系。沿此进一步探讨，我们可以形成这样的观点：在人与自然关系的许多情境中，神圣性、使命感、关系的建构性是不可缺少的，正是通过这些渠道或方式，自然的价值与意义才能够显露出来。③

---

① 蒙培元．人与自然：中国哲学生态观［M］．北京：人民出版社，2004：3.
② 蒙培元．人与自然：中国哲学生态观［M］．北京：人民出版社，2004：5.
③ 蒙培元．人与自然：中国哲学生态观［M］．北京：人民出版社，2004：14-19.

儒学主要关心社会政治以及个体的修养问题，具有某种实用主义的色彩，或许很多人会从这种立场来看待儒学，但实际上，在儒学体系内，许多思想家通过"究天人之际"，已经非常深刻地阐释了人与自然之间的关系问题。可以说，"究天人之际"也是儒学对中华文化颇为重要的贡献之一。一些思想家们主张，只有宇宙自然界才是最高的存在，"与天地合德"才是人的终极关怀，而"为人处世"只是"与天地合德"的组成部分。只有在实现"与天地合德"的过程中，人才能够提升生命力，实现自我超越。①

《荀子·天论》说"明于天人之分"，人们应该"不与天争职"。但是，人在自然界中确实处于一个相对独特的位置，并保持着某些类似等级体系的构造。荀子说山水土石之物"有气而无生"，树木花草之物"有生而无知"，飞禽走兽之物"有知而无义"，而唯有人类"最为天下贵"。人贵之处在于人有道德，而自然界中其他构成元素则没有"道德"。所以人处于众多系列的最高端，也正因如此，人与自然界其他生命之间体现出一种连续性。人应该做的是"强本而节用"，"养备而动时"，要"备其天养，顺其天政，养其天情，以全其天功"，所以，人与自然的这种连续性实际上强调的是保持人与自然的和谐、平衡。也就自然形成了这样的结论：归根结底，"人之命在天"②。

孟子说："人之所以异于禽兽者几希，庶民去之，君子存之。"（《孟子·离娄下》）孟子的意思是：人与动物的区别就只有那么一点点，在生命连续性基础上，人并不比其他生命优越多少。③ 那些无生命的山水土石，并不是一无是处，相反，它们是大自然的组成部分，并成为一切生命的根基，或许正是基于这样的认识，孔子才说"知者乐水，仁者乐山"④。只有自然界（这里可视为天）才是人的"生之本"。

---

① 蒙培元．人与自然：中国哲学生态观［M］．北京：人民出版社，2004：36-37.

② 暴拯群．传统文化中关于人与自然关系的观念及其现代价值：《荀子·天论》解诂［J］．学习论坛，2007（2）．

③ 蒙培元．人与自然：中国哲学生态观［M］．北京：人民出版社，2004：38.

④ 蒙培元．人与自然：中国哲学生态观［M］．北京：人民出版社，2004：40.

（《荀子·礼论》）

儒学两位重要的代表人物孟子和荀子都高度重视人的问题，这一点不用怀疑，他们以人之“贵”而发现人之价值，或者说以人之价值肯定人之贵。他们都秉持着一种这样的基本立场：人与自然密切关联，不可分割。从自然万物的生命体系来看，孟子肯定动物是有“情”的，荀子肯定动物是有“知”的，动物和其他生命都有生存的权利，人不应该成为其他生命的主宰。①

基于以上观点，我们需要深入理解儒学中“以人为中心”的观点，只有理解了它才能真正理解儒学所主张的人与自然关系的本质。在儒学中，“以人为中心”的观点是建立于人作为自然之中一分子的基础上的，而不是纯粹的人类社会，更不是某一个具体的人，它强调的是以“人的问题”为中心，以完成“天命之性”“天赋之德”为人的价值所在，以实现“天人合一”境界为目的。② 所以说，理解“以人为中心”的关键是要把这里的人看作自然中的、社会中的人，是与各种关系结合在一起的人，是由于人的行动带来了一系列人与自然中其他元素的矛盾问题的人，而不是脱离自然的人。

从对儒学的传统理路来看，由于社会中的问题来自人，而自然则是人的依托，所以“以人为中心”也不可能是以人的“自我意识”为中心，否则这样的人就成了无本之木，无源之水，被斩断了生命的根源和意义的支撑。归根结底，把人的意识作为中心会从根本上斩断人与自然之间的联系。③ 所以，儒学思想家们十分强调对自我的反省，在对待大自然之物时更是如此，譬如，在对待自然动物时要“钓而不纲，弋不射宿”（《论语·述而》）。这种思想理路，实际上强调了要把人放回到大自然之中，放回到自然的“复杂系统之中”来审视的基本立场。④

---

① 蒙培元．人与自然：中国哲学生态观［M］．北京：人民出版社，2004：61.

② 蒙培元．人与自然：中国哲学生态观［M］．北京：人民出版社，2004：62.

③ 蒙培元．人与自然：中国哲学生态观［M］．北京：人民出版社，2004：69.

④ 叶立国．范式转换：从“人与自然的关系”到“人类在自然中的角色”［J］．系统科学学报，2021（3）.

如果说人与自然之间是连续的，那么这种连续是如何实现的呢？在儒学思想家们看来，这种连续依靠的是人的本领，并用人的这种本领建构出连续性的关系。“感应”“感通”是儒学传统中重要的关系性表述，也是人的重要本领，是理解人与自然关系连续性的重要概念。“感应”强调人与自然之间并非单一、单向的关系，而是表现为“感”与“应”相互呼应的复杂关系。“感通”强调感觉与沟通，同样呈现出一种复杂的相互关系，相互感觉之目的与沟通相关，或者说是为了更好地进行沟通。“感应”“感通”在本质上体现出人类“移情”的能力，它们也是人类移情能力的重要组成元素。可以发现，儒学强调的人与自然之间的关系实际上正是建立在人的移情能力之上的。① 进一步来说，人的移情又是文化性的，或者说人的移情能力以及移情现象是发生于社会生活中的，具有浓郁的人类文化特色。在《自然辩证法》一书中，恩格斯探讨了人与自然之间的关系，他认为，人与自然的关系实际上是人、社会和自然三者间关系的一种简化表达，是人与自然关系的具体化。② 因此，关注人与自然的关系，社会或者说社会文化是关系中不能被忽视的重要方面。

为了提高移情能力，发现和巩固人与自然关系的连续性，人就必须重视学习。《论语》开卷便说：“学而时习之，不亦乐乎？”学习既包括人与人之间的相互学习，也包括人向自然的学习。“习”字可以看作大自然的一种规律，所有的动植物要想生存，都要经过不断地练习、学习以获取某种在自然中生存的能力和技巧，并以此保证个体和群体能够在自然中存在下去。同时，在学习中能够学到很多道理，其中有两种道理是非常重要的：一种是做人的道理，一种是与自然相处的道理。孔子常提“学而不厌”“乐而忘忧”③ 应该存在这方面的指向，譬如，通过学

---

① 蒙培元．人与自然：中国哲学生态观［M］．北京：人民出版社，2004：72.

② 孔明安．人与自然关系的新阐释——再论恩格斯《自然辩证法》的当代意蕴［J］．北京行政学院学报，2020（5）．

③ 蒙培元．人与自然：中国哲学生态观［M］．北京：人民出版社，2004：101-102.

习来提升主观体验的能力，或者说移情能力，并进一步建构出“天人合一”的境界和体验。①

《系辞传》与《说卦传》都讲到“三材之道”，并将天、地、人并列起来，视为“三材”。《中庸》中有：“万物并育而不相害，道并行而不相悖，小德川流，大德教化，此天地之所以为大也。”（第三十章）《道德经》中强调“人法地，地法天，天法道，道法自然”。因此，无论儒家还是道家，人与自然之间绝不是主体和客体关系的单一模式，在某种意义上更是互为主体的关系结构。

在儒家看来，违反自然规律的事情只会给人带来负面作用，所以不能做“揠苗助长”的事，一定要遵循自然规律，通过协调的方式从自然中获得所需，并给自然留出勃生之机的可能和空间。以伐木取薪来说，一定要“斧斤以时入山林”。孟子所说的“盈科而进”“充实之谓美”（《孟子·尽心下》）即在充分尊重自然的基础上来欣赏、体验生命之美，这就是“万物皆备于我者”的关键。如果能够做到这些，那么人与自然就会实现“天之生物也，使之一本”（《孟子·滕文公上》），人在自然中就会协调而生，人与万物合而为一。

即使荀子提出的“天人之分”（《荀子·天论》）中包含着某种把人从自然中分离出来的意味，但这种提法要想成立是有前提的。整体上来说，荀子并没有建立以人主宰自然的观念体系，与之相反，他同样格外强调人与自然相统一的观念。按荀子的观点，人类利用自然是一种必然，但并未达到主宰自然的地步。所谓“天人之分”“制天命而用之”强调的是在遵循自然规律的基础上人的努力作为，他真正突出和重视的是人的主动性与能动性。因此，荀子强调“人为”是有基础和前提的，那就是要尊重并顺应自然规律，而不是无边界地强调人的能力，更不是主张人可以肆意妄为。②

“中庸”是儒学重要的思想之一，其本质也是主张通过人的社会文

---

① 蒙培元．人与自然：中国哲学生态观［M］．北京：人民出版社，2004：104.

② 蒙培元．人与自然：中国哲学生态观［M］．北京：人民出版社，2004：167-172.

化而实现人与自然合而为一。儒家倡导“致中和”“参赞化育”，认为只有基于天地之参赞，才能化育万物，才能促进人的发展，人与天地是相连在一起的，是不能分开的。朱子对此的阐释恰到精妙之处，同时他也向我们发出了重要的警告：

> “天地位，万物育”，便是“裁成辅相”，“以左右民”底工夫。若不能“致中和”，则山崩川竭者有矣，天地安得而位！胎夭失所者有矣，万物安得而育！(《朱子语类》卷六十二)

中庸思想传递出这样一种主张：自然是人存在的基础，人是在自然提供的平台上的建构之物。按此进一步推论，在自然之平台上，那么自然之中的人与万物便都具有某种主体性，也都相应具有自身的某种价值性。“人在自然中”的复杂系统景象应该得到承认，在这样的系统现象之下，名义上的人与自然的关系也就成了复杂的网络因果关系，简单的线性因果关系无法有效对其进行概括。① 王阳明倡导的“良知说”把儒家哲学中的主体性观念提升到一个新高度。王阳明的主体性哲学不是只强调人的主体性，不是把人与自然对立起来，也不是把自然完全放在一个客体的位置上，而是在“天人合一”框架之下的一种主体性哲学。王阳明主张，“良知”是自然万物主体性的体现，它与万物有着内在联系，并指向“天地万物一体之仁”，体现出强烈的生态意识。② 王阳明说：

> 人的良知就是草木瓦石的良知，若草木瓦石无人的良知，不可以为草木瓦石矣。岂惟草木瓦石为然，天地无人的良知，亦不可为天地矣。盖天地万物与人的良知原是一体，其发窍之最精处，是人心一点灵明。风雨露雷、日月星辰、禽兽草木、山川土石，与人原只一体，故五谷禽兽之类，皆可以养人，药石之类，皆可以疗疾。

---

① 叶立国．范式转换：从“人与自然的关系”到“人类在自然中的角色”［J］．系统科学学报，2021（3）．

② 蒙培元．人与自然：中国哲学生态观［M］．北京：人民出版社，2004：343.

只为同此一气，故能相通耳。(《传习录》(下))

这种表述不但是对儒学中关于人与自然一体观念的直接阐述，而且做了进一步的发展，并直接提出了通过人的文化来建构人与自然中“草木瓦石”等天地万物之间关系的方法。他通过移情化的“良知”赋予了自然之物生命力，并把这些自然之物与人的生存、生活相融到一起。这一点给本书提供了重要的启示和某种研究支撑。王阳明这种“万物与人良知一体”观念既是一个大胆的论断，也是一个很重要的论断。① 王阳明的这种人与自然关系建构性的观点与拉波特的一个重要观点颇为相似，后者强调：文化从整体上应该被理解成人与环境之间规则关系的控制体系。哈里斯认为，拉巴波特的这种控制论观点有助于我们穿越日益分裂的生态困境，提出了有助于人类在物种与自然环境中生存下去的见解。②

道家主张人与自然之间处于连续状态的观点与儒家的主要观点在本质上是相通的，因此可以说，儒学中人与自然之间关系的思想并不是孤立存在于中国思想史中的。儒、道思想都主张回到自然，强调人并不是独立于自然的，天地的生生之道是人生命与生存的本源和依归。但是，道家与儒家之间也有不同的一面，不但他们所说的“自然”存在着一定的差异，而且在建构人与自然关系的连续状态、回归自然的方法上也存在着不同。儒家主张以一种积极参与、积极改造的态度面对自然，进而再回到自然，人的因素是人与自然关系的中心，强调“人文化成”，从自然出发，发展出“仁学”。道家强调一种相对“消极”的态度，并基于此回归到自然之道。道家在面对自然时的态度并不是完全的消极，而是更加突出宇宙规律，认为自然是一种天成之道，而非人文之道，所以人不应该也不能成为一切的核心所在。③ 以此来理解，道家强调的

---

① 蒙培元．人与自然：中国哲学生态观［M］．北京：人民出版社，2004：350.

② 拉波特，奥弗林．社会文化人类学的关键概念［M］．鲍雯妍，张亚辉，译．北京：华夏出版社，2009：107-108.

③ 蒙培元．人与自然：中国哲学生态观［M］．北京：人民出版社，2004：105-106.

"道德"之道，其中心也不是人的因素。

老子在中国哲学史上第一次明确提出"自然"的范畴，并从哲学高度探讨了人与自然的关系。这一点也可以看作老子道学为中国生态哲学做出的重要贡献。我们可以把老子的这种"自然"哲学归入过程哲学的范畴，而绝不能归入实体哲学范畴。"道法自然"不是以自然为目标，也不是以自然为某种实体，而是强调自然的功能和过程，道只有在这样的自然之中才是真正的道。①

三、对本书的启示

在如何看待人与自然关系问题上，恩格斯在《自然辩证法》中已经提出了明确的警示，他强调：人类对自然的盲目征服会导致各种各样的灾难，人类不能沉醉于对自然的征服，更不能沉浸于这样的喜悦之中，与之相反，人类应该时刻对自然保持一种敬畏之心。②

关于大自然的主体性问题，一个重要的理解维度是自然与人的结合，或者说是人的主体性与物的主体性的结合，尊重物的主体性，就是尊重人的主体性，就是尊重自然。进一步来说，就是人要接受自然规律，并要按规律对待它和运用它，这也是把人作为自然的一分子的一种体现。把人排除在自然之外，或者让人高高在上，这些观念和做法都违背对自然主体性的理解。

HEP 强调文化的特殊性和重要性，这本无可厚非。历史在不断证实着，文化是人类伟大的创造，文化确实让人类甚至整个地球发生着翻天覆地的变化。但是，HEP 并没有注意到或者说忽视了一个与之相关的重要问题，即文化的形态和文化的承载。这样的发问不应被无视，文化是人类纯粹的文化吗？文化是完全由人类凭空创造的吗？没有大自然的一切，人类可以形成文化吗？这些问题或许看似幼稚，但在人类中心

① 蒙培元．人与自然：中国哲学生态观［M］．北京：人民出版社，2004：191-192.
② 孔明安．人与自然关系的新阐释——再论恩格斯《自然辩证法》的当代意蕴［J］．北京行政学院学报，2020（5）．

主义的观念中却被忽视或搁置了。不可否认，与目前所有的生物和非生物相比，人类最大的优势就是文化。文化是基于人与自然中其他一切元素共同形成的，文化中不但有人的因素，更有大自然的因素：没有自然，就没有文化。基于此，如果说人类有了文化就可以忽视自然或者说不顾自然，那就在根本上否定了自身文化的内核或者说瓦解了文化存在与发展的基础。西方学术界关于自然或生态的研究进程，以及相应的一些重要观点支撑了我们提出的这一基础性观念。这一基础性、根本性的观念也会启发我们不断反思一些被认为理所当然的日常现象，反思人类的选择和每个人的行为方式，并以此为基础，做出必要相应的改变。

在儒家哲学中，自然界价值的最根本之处就在于它本身就是一个生命体，自然的价值就是生命体的价值，也是生命进行过程的价值。儒学同时认为，自然的生命体价值要依靠人类来具体实现，所以孔子说“天生德于予”。我们可以进一步说：儒学关于自然价值的最终指向是人的所作所为，人应该承担起自然生命中某种不可推卸的责任。

整体来说，在以儒学为根基的中国传统哲学思想中，人与自然被认为是连续的，虽然两者是不同的，甚至在某些方面存在某种程度上的对立，但造成对立现象的主要原因在于人类自身，所以中国哲学传统实际上是主张人类要注重反思和调整自身的观念与行动，这样才能真正体现出人与自然在本质上的统一性。从人出发的人与自然建构良性关系的思想和文化意蕴得以有效体现。

可以说，在传统儒学思想中已经萌生出了广义的自然生态系统的概念，并沿着这一方面展开了一定的有力的阐发，中国传统儒学建构出的是与“人—自然”二元模式不同的自然有机体系统，即“天人合一生态系统”。在这一生态系统内，自然是一个有机体，自然是由包括人在内的众多存在物构成的。这些存在物具有某种主体性，它们在人类文化的作用下体现出一定的主体特征，并与人类生态子系统发生建构性的互动，也就是说，各个存在物的生态子系统不是孤立存在的，它们之间也不是隔绝不相关的，而是通过建构关系相互关联、结合于一体的。在

"天人合一生态系统"的关系中，人类文化在与人类生态子系统直接相关的方面会产生更为直接的作用，在其他生态子系统之间的关系方面则不是那样直接地呈现出来，自然力的作用起到更主要的作用，但这并不是说不存在人类文化的影响。

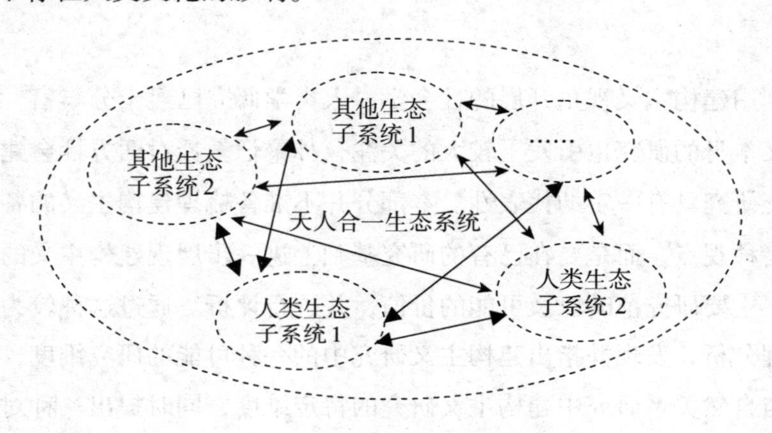

图 2-1 天人合一生态系统①

自然具有一体性，人类处于自然之中，作为自然的一分子，人类与其他自然之物有着密切的关联。发挥人的主体性，建构出自然之中人与其他自然之物的关联性，既具有理论研究的意义，也具有实践性的意义。其中，具体的有明确指向的关联关系研究显得格外重要。这一研究理路可以为本书提供一定的启发，同时也是本书关注的核心所在。人通过文化——如某种移情文化——把自身的意义嵌入自然之中，被嵌入的自然实体数量繁多、各种各样，如此一来，大自然中的石头理应构成其中的一类，而且必然是其中一类。本书将指出，通过石头，当地人可以看到自身的形式与意义，实现对自身的审视与定义，发现并巩固着自己存在与发展的意义，建构出自己与自然中一切存在物之间的关联。在奈杰尔·拉波特和奥弗林看来，许多类似神话的关系建构其实并不是神秘的不可理解的现象，它们在更大的意义上是某种人在自然之中的价值之

① 叶立国．范式转换：从"人与自然的关系"到"人类在自然中的角色"［J］．系统科学学报，2021（3）．

美，是描绘的图景，是关联着的图景。①

第二节　建构主义视野与可能

利用建构主义视角开展的社会学、人类学研究已经十分丰富，对建构主义本身的研究也引发了较大的关注，林聚任教授对西方社会建构论的系统研究具有一定的代表性。本部分并不准备梳理建构主义的各类文献和诸种观点，而是要在已有的研究基础上进一步展现建构主义的基本立场、主要研究范畴以及可能的价值，并进行评析。通过这种较为系统的梳理分析，发现并指出建构主义研究中的一种可能的研究维度，拓展出人与自然关系研究中建构主义研究的特定维度，同时提出一种对青藏高原人与自然关系的研究理路。

长期以来，在社会理论研究的谱系中，建构主义被视作一种“边缘性、游动的学术派别的脆弱联合”②。建构主义的内容庞杂，形式多样，涉及的学科很多，甚至在其内部也存在许多相异的理论取向。相似的研究视角、思维方式，或者相似的研究方法，这样的表述均可以传达出建构主义的某些主要特征。除了作为元理论的、社会理论的和社会实践的范畴外（这些范畴同时也是对建构主义进行划分的重要维度）③，建构主义也被视为一种哲学范式，发展出“与一些传统哲学视野不同的景观”：形成与绝对的客观主义、本质主义、基础主义等不同的视界。④ 被归于建构主义视角下的研究都围绕着“建构”展开。

① 拉波特，奥弗林．社会文化人类学的关键概念［M］．鲍雯妍，张亚辉，译．北京：华夏出版社，2009：106.

② LYNCH M. Towards a Constructivist Genealogy of Social Constructivism［M］//VELODY, WILLIAMS R. The Politics of Constructionism. London：Sage Publications，1998：14.

③ 格根．语境中的社会建构［M］．郭慧玲，等译．北京：中国人民大学出版社，2011：2.

④ 刘保，肖峰．社会建构主义：一种新的哲学范式［M］．北京：中国社会科学出版社，2011：10.

激进建构主义是建构主义大家族中重要的一类，其发源可追溯至前苏格拉底时期。激进建构主义的重要人物冯·格拉塞斯费尔德（1917—2010）强调，在早期哲学家的大量分析中，都存在建构主义的某些理论元素，譬如，在洛克、休谟、维柯、贝克莱、边沁、康德或法伊欣格等的作品中都可以发现。也正是冯·格拉塞斯费尔德"给激进的建构主义者标明了前苏格拉底传统怀疑论路线。"①

进入20世纪80年代，西方社会理论的多元化趋势进一步强化，这也给主流的传统理论提出了许多挑战。建构主义是多元化趋势中有重要影响的一个"流派"。在众多的研究领域中，建构主义都取得了丰硕的成果，譬如，科学知识社会学（SSK）、社会问题研究、常人方法论、话语分析与科学修辞研究、社会心理学、社会性别研究等方面②。建构主义的一些思想、方法、路径也在实践中获得了较广泛的应用，譬如，学校教育中采用了大量建构主义的思路展开课堂中教与学的实践，并取得了良好的效果。

虽然建构主义已经成为学术热点之一，但是基于建构主义视角下研究的多元性，甚至存在的大量内部分歧，把建构主义作为一种传统意义上的研究流派并不恰当也不可取，譬如，"语境中的社会建构主义"与"激进建构主义"在关注问题的方式以及研究的理论层次上都有较大的差异，所以，在运用建构主义视角时进行必要的甄别和界定是一种较为恰当的做法。③

建构主义内部存在许多流派。因为主要从事心理学相关研究，所以

---

① 格拉塞斯费尔德．激进建构主义［M］．李其龙，译．北京：北京师范大学出版社，2017：4.

② 林聚任，等．西方社会建构论思潮研究［M］．北京：社会科学文献出版社，2016：1.

③ 格根．语境中的社会建构［M］．郭慧玲，等译．北京：中国人民大学出版社，2011：141-144.

在格根看来，社会建构论的"意思是描绘出一个对认知过程和社会环境都十分重要的工作框架"（144页），而"激进建构论的确支持思想/世界二元论并将自己的赌注压在认知（内生）过程上"（142页）。因此，他认为对两者做出相应的区分是有必要的。

美国著名建构主义学者肯尼斯·J. 格根一般被归入建构主义心理学派中，他也被视为激进建构主义的先锋和主要代表。格根把建构主义主要运用于治疗、心理、组织等领域中，并取得了丰富的研究成果，有许多成果被引入教育学、社会学、心理学等相关学科研究中，并引起了较为广泛的关注。基于肯尼斯·J. 格根在建构主义研究方面的成就和产生的影响，他的一些主要观点将成为我们探讨和对话的主要对象之一。

中国古典文化中包含着丰富而重要的建构思想。《道德经》中展现了丰富而智慧的生成性思想，如“道生一，一生二，二生三，三生万物”“人法地，地法天，天法道，道法自然”，展现了人与自然之间的建构性关系。孔子、孟子关于“仁爱”的思想体现了如何通过对社会的有效治理生成和谐社会秩序的思想。老子、孟子、荀子关于“人性”之说则围绕人的本质突出了如何看待社会环境、社会关系以及个人潜质问题。由此而言，中国古典文化中关于生成性关系的思想是悠久而丰富的，只是未直接引入“建构”一词加以讨论而已。

一、建构主义的基本问题

对传统学术思维与学术话语体系来说，建构主义是颠覆性的，同时也具有独辟蹊径的建设性。虽然有学者认为建构主义“形成了一整套较为成熟的思想、理论、方法和实践体系”①，但这种定位与建构主义者的宏大目标和复杂构成无法完全进行匹配。著名建构主义学者格根说：“社会建构的观点并不从属于任何个人或团体，它本身也不是独立或统一的，而是跨共同体共享的。面对批评和质疑，建构论者很少感到紧张或不安，因为建立终极真理，生成一种基本逻辑、一套价值观念或权威实践，从一开始就与社会建构论的主旨相悖。”② 建构主义的终极

① 肯尼思·J·格根，玛丽·格根. 社会建构：进入对话［M］. 张学而，译. 上海：上海教育出版社，2019：3.

② 肯尼思·J·格根，玛丽·格根. 社会建构：进入对话［M］. 张学而，译. 上海：上海教育出版社，2019：2.

追寻似乎并不是要统一什么或击败什么，而在于实现一种“有益的共享”。若要全面深入了解这一宏大目标，需要有效解读建构主义的基本问题和实际研究进路。

1. 建构主义的发轫与成长

格拉塞斯费尔德追溯了建构主义的发轫问题。虽然建构主义具有远古的气息，但直至1779年，J. 边沁在他的法学论文中才有效推进了相关概念的分析，他运用对概念的运算分析向解决康德“先验绝对命令”方面迈出了第一步。[①] 在建构主义者看来，边沁的分析“超过其同时代人一个世纪”[②]。18世纪，那不勒斯哲学家G. 维柯发表的意大利语论文《论古代智慧的意大利》第一次对建构主义做出明确的表述。格拉塞斯费尔德对此的评价是：“维柯第一个明确强调我们的理性知识是由我们自己建构的”，并“打开了认识论的新视野”。在维柯看来，对打雷的原始理解是天空中有一种超人的力量——上帝在支配，所以天空就成了超自然力量的寓所，“成了从日常经验归纳出来的各种解释不可证明的物和事件的根源”。基于此，维柯竭力证明的是：“人类文明之初一切抽象知识都是用诗的隐喻，寓言的语言来表达的”[③]。这种寓言一代代重复下去，并相互联结，就会产生抽象出来“知识的神话”[④]。

建构主义的发展导致了自身的类型化趋势，研究的类型化反过来推进了建构主义的应用与成长。英国社会学家杰拉德·德兰逖（Gerard Delanty）把建构主义划分为社会建构主义、科学建构主义和激进建构

---

① 格拉塞斯费尔德. 激进建构主义［M］. 李其龙，译. 北京：北京师范大学出版社，2017：59-60.

② 格拉塞斯费尔德. 激进建构主义［M］. 李其龙，译. 北京：北京师范大学出版社，2017：60.

③ 格拉塞斯费尔德. 激进建构主义［M］. 李其龙，译. 北京：北京师范大学出版社，2017：62-63.

④ 格拉塞斯费尔德. 激进建构主义［M］. 李其龙，译. 北京：北京师范大学出版社，2017：63.

主义三类，同时在每一类中均存在强建构与弱建构的差异。① S. R. 哈里斯提供了另外一种划分思路："客观性社会建构论"（objective social constructionism）和"解释性社会建构论"（interpretive social constructionism）②。在社会学领域内，美国社会学家彼得·伯格（Peter L. Berger）和托马斯·卢克曼（Thomas Luckmann）于1966年出版的《现实的社会构建：知识社会学论纲》具有里程碑式的意义。基于对知识产生的社会基础的分析与强调，"社会建构"概念和分析理路在社会学等多学科中得到了较广泛的传播。③ J. A. 荷斯坦（J. A. Holstein）和J. F. 古布里姆（J. F. Gubrium）编纂的《建构主义研究手册》（*Handbook of Constructionist Research*）对主要的社会建构对象做了梳理，可以说内容庞杂，包括身体建构、情绪建构、性别建构、性和性征建构、种族和民族建构、媒体知识建构、治疗与效果建构、民族史学建构等。④

建构主义涉及学科之多、应用范围之广是其他单一理论无法匹敌的，不过这也给建构主义取向的研究带来严重的分化或者说多元化，甚至在"建构主义"（constructivism）与"建构论"（constructionism）（或称为"社会建构论"）之间也展现出了明显的差异。前者更加突出心理的决定性作用，"存在无关紧要"，因而有时被赋予"激进建构主义"之称，被视为"建构主义"创始者的格拉塞斯费尔德也对这一称呼欣然接受；而后者则大大削减了心理决定取向，突出关系角度的话语建构与话语共享，以此解决实际问题甚至通约各学科的分歧。社会建构论对"关系"的强调使它与激进建构主义取向界线明显，并且尝试打破"激

---

① DELANTY G. Constructivism, Sociology and the New Genetics [J]. New Genetics and Society, 2002, 21 (3).

② HARRIS S R. What is Constructionism? Navigating Its Use in Sociology [M]. Boulder, Colorado: Lynne Rienner Publishers, 2010: 2.

③ 林聚任．社会建构论的兴起与社会理论重建［J］．天津社会科学，2015（5）．

④ HOLSTEIN J A, GUBRIUM J F. Handbook of Constructionist Research [M]. New York: The Guilford Press, 2008: 493-641.

进建构主义与西方传统认识论中的二元论模式结盟”①。

大量存在的内部差异并未改变建构主义研究取向所具有的共同特征。格根认为，凡是建构主义取向的研究必然接受一些共同的假设，譬如：其一，认为任何描述或解释并不能准确地描绘或反映存在的事物，即认为对世界不存在真正的或完全客观的解释；其二，一切描述和解释世界的方式都是关系的结果；其三，世界建构从其社会效用中获得其重要性；其四，反思我们理所当然的世界对于我们的未来福祉非常重要；其五，社会建构论者们的宣称既不真也不假，任何对实情的描述都不可能是终极正确的。②

2. 建构主义的元问题

元问题对应着相应的元理论。元理论是理论的理论，或者说是理论的基础范畴，针对的是相关的元问题。在社会学领域，元理论家致力于对社会学理论的基础结构进行系统的研究。③ 社会学的元理论基于要回答的元问题主要分为三类：一是“作为获得对理论更深入理解的一种手段的元理论”（Mu），它涉及对理论的研究，以便对现存的理论形成更好、更深刻的理解；二是“作为理论发展前奏的元理论”（Mp），通过研究现存的理论，以产生新的社会学理论；三是“作为总体社会学理论的视角来源的元理论”（Mo），其目标是产生一种视角，覆盖部分或全部社会学理论。④ 除了社会学家们，哲学家、心理学家、政治科学家，以及其他社会科学家都在做着相关的元理论分析。⑤

---

① 林聚任，等. 西方社会建构论思潮研究 [M]. 北京：社会科学文献出版社，2016：24.

② 格根. 语境中的社会建构 [M]. 郭慧玲，等译. 北京：中国人民大学出版社，2011：1-5.

③ 瑞泽尔，古德曼. 现代社会学理论：第六版 [M]. 北京：北京大学出版社，2004：A-1.

④ 瑞泽尔，古德曼. 现代社会学理论：第 6 版 [M]. 北京：北京大学出版社，2004：A-2.

⑤ 瑞泽尔，古德曼. 现代社会学理论：第 6 版 [M]. 北京：北京大学出版社，2004：A-2.

建构主义的元问题与它的宏大雄心相联系。格根举了这样一个例子：面对一对夫妇或一个家庭关系恶化的问题时（如虐待、暴力、生命危机），家庭临床医学专家可以考虑转变一种元层面（meta-level）的讨论来解决这个问题，如发问："我们为什么这样做?""这真的是我们想要的吗?""有没有处理这件事的另外一种方式?"他认为，这种元问题的发问方式最关注的不在于对这些问题的回答，而在于引发的新思考，从而构成一种替代模式或关系（relating）。[①] 从话语建构的角度来说，对元问题追问的目的就在于通过话语替代而解决困扰。

对激进建构主义者来说，"知识不是世界的图像。它根本不反映世界，而更多地包括行动模式、概念和思想"。知识存在的重要性之一在于："它把有用的同无用的区别开来。"[②] 与其说我们要依靠知识，不如说我们要依靠知识的来源，知识的来源决定了它的"生存力"。格拉塞斯费尔德强调，在激进建构主义中应该以"生存力"概念取代"真理"概念。[③]所谓"真"的东西并不是独立于观察之外的，而只是其经验的成分。早在1710年，维柯就从语法学的角度给出分析：factum（事实）这个词是拉丁文facere（做）的过去分词。[④] 整体来说，包括社会建构论、激进建构主义在内的各类建构主义取向至少关注两类元问题。

（1）存在的世界如何而来：世界是被建构的

实在论者认为存在一个不以人的意志为转移的客观世界，知识就是对客观世界的真实反映，知识对应着相关的现实世界。建构主义主张：社会现实以及人类的知识与社会文化因素有关，它们是社会建构的产

---

① 格根．语境中的社会建构［M］．郭慧玲，等译．北京：中国人民大学出版社，2011：18-19.

② 格拉塞斯费尔德．激进建构主义［M］．李其龙，译．北京：北京师范大学出版社，2017：185.

③ 格拉塞斯费尔德．激进建构主义［M］．李其龙，译．北京：北京师范大学出版社，2017：9.

④ 格拉塞斯费尔德．激进建构主义［M］．李其龙，译．北京：北京师范大学出版社，2017：185.

物，知识并不是对客观世界的直接反映，两者之间不存在直接对应关系。①

建构主义主张“世界在人的介入、科学研究和其他活动中存在着”②，是我们自己建构了世界。面对实在论者的攻击，一些建构主义者进行了一定的反击，但作为建构主义的核心人物，格根坦言这样做没有太大的意义，因为从建构主义的元问题出发，应该走出两者的“竞赛性和吞并性争论模式”，并探究集体行动本身。③ 他认为，在现实中两者相互融合并支持着对方的观点：“实在论者往往批评建构论者使用了实在论观点，反之亦然。正如实在论者所指出的，建构论者在将知识体系（body of knowledge）描述为被建构时使用了实在论假设”④。

一些建构主义者担心：那种对“外生认识论”的过分强调，以及把知识作为准确反映世界的唯一维度，这两种取向会让人们无法看清世界的建构性，他们进而质疑真理具有超越任何人的权威性的宣称。出于这种担心，建构主义者对宣称的元理论“我们建构了世界”抱有极大热忱和希望：从此出发进行彻底改变。

“我们建构了世界”指的是：“一切被我们认为真实的东西都来自社会的建构”，这里的关键不是不存在真实的东西，而是被我们认为是真实的东西。也就是说，那些被认为是真实的东西对我们而言存在着特定的意义，我们与它们之间存在着关系。“我们建构了世界”所指的不是关于世界的真理，而是世界是如何形成的以及它对我们的意义。格根直言：“在元理论水平上，建构论希望生成某种对可能性的意识、某种新的意义取向，而不是某种‘新的真理’。”⑤“协同创造”是格根在元

---

① 林聚任，等．西方社会建构论思潮研究［M］．北京：社会科学文献出版社，2016：31.

② 刘保，肖峰．社会建构主义：一种新的哲学范式［M］．北京：中国社会科学出版社，2011：289.

③ 格根．语境中的社会建构［M］．郭慧玲，等译．北京：中国人民大学出版社，2011：6.

④ 格根．语境中的社会建构［M］．郭慧玲，等译．北京：中国人民大学出版社，2011：15.

⑤ 肯尼思·J·格根，玛丽·格根．社会建构：进入对话［M］．张学而，译．上海：上海教育出版社，2019：99.

理论层次上进行的概括。该术语在内涵上主要包括三个方面：一是“参与对现实的建构”，即建构主义的元理论支持多种理解方式，而不是特定的理解；二是“参与探索局限性”，主要针对语言的局限性问题；三是“参与共创新的愿景”，针对传统中的局限性，我们共同寻求可行的理解和行为方式。①

（2）如何维持并更好地走向未来：未来来自创造性关系

寻找替代模式或关系的根本在于“协同创造”，而协同创造的根本在于创造关系。通过关系，建构主义试图颠覆传统的二元划分，至少要摒弃以既有利益为导向的自我与他人的对立模式，通过建构关系维持和寻求未来，这可以看作建构主义者的现实路径主张。

关系是人类社会的基础，而不是个体，所以需要“以关系（relationship）取代个体（individual）作为意义产生的根源”②。在建构主义看来，超出关系范畴之外的所谓现实、理性、真实、价值等概念局限了众多的可能，其结果只能是让人沉迷在自己的天地里。这样，“个体”也就被定义成孤单、独立、自我寻求或不断受到竞争者威胁的个体。建构主义强调要把以“自我 vs 他人”为主导的模式转化为“通过他人建构自我”的主导模式，以此动摇根深蒂固的个体主义传统，并重新审视人类社会的各种制度。格根用了一段具有煽情意味的话来表达他对该模式的热情与厚望：

> 关系的视角点燃了我们欣赏他人和与他人共同生活的热情，从而不再孤立或拒斥他人。我们开始重视关系的生成性力量以及协调行动的不断延续。通过与他人一起表演和我们自己的行动，我们创造了某种理性和情感的现实。以往所谓的“心理过程”被重构为

① 肯尼思·J·格根，玛丽·格根. 社会建构：进入对话［M］. 张学而，译. 上海：上海教育出版社，2019：99-101.

② 肯尼思·J·格根，玛丽·格根. 社会建构：进入对话［M］. 张学而，译. 上海：上海教育出版社，2019：22.

“关系过程”。“关系性自我”正是通过与他人的关系而被建构。①

当创造性的关系拯救了个体并弥合了各类实践、主张之间的鸿沟时，那些因为迥然不同的观点而处于相互冲突状态之中的现实中的人们将不会再那样继续下去，建构主义将它视作人类世界走向有希望的未来的主要路径。所以，创造性关系的创造实践是人类社会全部工作的核心所在。② 也正是基于这样的理念，建构主义倡导多元性的存在：多重观点、多种方法与多元价值，以使创造性关系得以生成。③

3. 建构主义的重要主张

虽然在建构主义内部存在较多的差异和分歧，但是凡被归入建构主义内的研究皆具有一种“家族相似性”（family resemblance）。可以认为，这种相似性体现出了建构主义的典型特征，这些特征如下：一是认为需要对我们理解世界的那些传统模式进行必要的批判，并从中发现重要的可加以使用的建设资源；二是强调看待世界的方式以及我们所使用的概念工具等都具有特定的历史性和文化性，与历史、文化相联系，并不存在纯粹的社会事件或现象；三是我们的认知并非对客观世界的直接映像或反映，而是通过社会过程产生和支撑的；四是关于世界的建构有无数可能，建构取向并不排斥其他行动或主张。④ 我们可从以下四个维度进一步理解这些主张。

（1）对真理的主张

布鲁尔说：从一般意义来看建构主义，“它意味着不存在任何知识可以宣称具有绝对真理的地位。任何真理性宣称都相对于历史性的、社

---

① 肯尼思·J·格根，玛丽·格根. 社会建构：进入对话［M］. 张学而，译. 上海：上海教育出版社，2019：44.

② 格根. 语境中的社会建构［M］. 郭慧玲，等译. 北京：中国人民大学出版社，2011：124.

③ 肯尼思·J·格根，玛丽·格根. 社会建构：进入对话［M］. 张学而，译. 上海：上海教育出版社，2019：92.

④ BURR V. An Introduction to Social Constructionism［M］. London：Routledge，1995：3-5.

会性的甚至是生物性的偶然集合而存在"①。在建构主义看来，真理的根本特征是"本土性的"，或者可以叫作"本土真理"（local truths）：建构主义不是放弃或否定真理，而是"要求视所有真理都产生于特定的文化历史背景或某种关系脉络"②。格根强调，"本土真理"不具有普适性，也不能取代其他真理。西方文化倾向于认为自身的真理优于其他文化的真理，这种真理观直接激化了世界范围内的冲突，想要得到和平与良好的发展，必须认识到我们没有正当的理由允许一个团体消灭其他团体或"另类"。在强调本土真理的同时，同样倡导对那些不同的真与善进行探索。在此意义上，科学与唯心论、神创论并不相矛盾，或者说，后者对前者并不构成威胁，它们从另外的角度建构出解释或意义，通过走入彼此的意义世界，可以找到消除冲突和相互毁灭的路径。③

（2）对合作的主张

格根强调，以虚无主义、实在论和相对主义为代表的批评声音④实际上存在着对建构主义合作主张的忽视与误解。建构主义把各种批评当作一种"邀请"，通过聚合智慧以加强对话与合作，共同创新。

建构主义并非否定现实，否定真理，更无意于动摇人们的信念而制造恐惧。建构主义同样相信真理，相信正确的东西，向往美好的东西。格根说："建构论完全理解对可靠现实的追求。如果某种解释是对的，有谁会不愿意相信或认同呢？"⑤ 在他看来，把建构主义认定为虚无主义实际上是忽视了它对合作中关于特定文化、历史与某种关系脉络的关注，所以建构主

---

① 巴恩斯，等．科学知识：一种社会学的分析［M］．邢冬梅，蔡仲，译．南京：南京大学出版社，2004：3.

② 肯尼思·J·格根，玛丽·格根．社会建构：进入对话［M］．张学而，译．上海：上海教育出版社，2019：95.

③ 肯尼思·J·格根，玛丽·格根．社会建构：进入对话［M］．张学而，译．上海：上海教育出版社，2019：96-97.

④ 在《西方社会建构论思潮》一书，林聚任教授将其归结为相对主义困境、反身性难题与反常识悖谬三个方面（见该书第140页）。

⑤ 肯尼思·J·格根，玛丽·格根．社会建构：进入对话［M］．张学而，译．上海：上海教育出版社，2019：95.

义不但不是虚无主义，而且是更为切实的反虚无主义。也正是基于反虚无主义的立场，建构主义才认为“我们拥有协作创造的空间”[①]。

一种对建构主义的批评指出：建构主义不符合日常生活事实，如忽略了身体、心灵和权力的现实。这种批评的观点本身常被称作“实在论”（realist）或“本质主义”（essentialist）。格根指出，这样的批评实际上来自对建构主义作用层次的误解，在具体现实的维度上，建构主义只是分享了一种可能，而不是试图确立一种新的真理；在元理论层面，建构主义“希望生成某种对可能性的意识、某种新的意义取向，而不是某种‘新的真理’”[②]。

建构主义是一种软弱的道德相对主义，破坏了人类社会道德观的基础，却未能用自己的观点做出有效替代，这被认为是对建构主义最严厉的批评之一。建构主义认为，道德标准或宗教原则不是神定的或者普适性的契约，它们只能产生于有特定基础的共同体内部。这种相对化的道德主义就容易导致道德评价的混乱，似乎一切选择都是平等而充满道德可行性的，如“善良未必优于暴虐，外交手段也未必好过种族灭绝”[③]。

面对这样的批评，建构主义强调，逃离所有的道德观并不是建构主义的目的，相反它更倾向于突出这样的观点：我们并不缺乏道德价值，在每一种传统中，人们都有珍视某些行为同时谴责其他行为的道德权利，问题是，我们拥有大量不同的道德善行及由此形成的坚持，它们之间需要沟通、对话与合作。建构主义认为：理解本土道德观，并探索它们之间对话与合作的可能，这根本不是逃避道德标准的相对主义。

（3）对方法的主张

建构主义在研究方法上的兴趣和重点与传统社会科学广泛采用的实

---

① 肯尼思·J·格根，玛丽·格根. 社会建构：进入对话［M］. 张学而，译. 上海：上海教育出版社，2019：97.

② 肯尼思·J·格根，玛丽·格根. 社会建构：进入对话［M］. 张学而，译. 上海：上海教育出版社，2019：99.

③ 肯尼思·J·格根，玛丽·格根. 社会建构：进入对话［M］. 张学而，译. 上海：上海教育出版社，2019：102.

证主义研究方法受到的质疑有关——实证主义广泛采用的表征取向的解释在日益开放、流动、多元的社会世界中无法让人满意。[①] 以加芬克尔的“常人方法论”为重要代表的新方法取向着重研究日常生活世界的生成与维持，挑战了传统的科学主义立场。建构主义强调，在对科学知识的研究中要体现出“方法论的对称性”（methodological symmetry），主张把对技术的分析纳入统一的研究框架中。[②] 林聚任等认为，建构方法论实现了某种革命性的转化，通过反对真理符合论，悬搁实在或反实在，从而规避了表征方法论可能面临的困境。[③] 这种“建设性的辩证法”主要体现于三个方面。其一，强调“有破有立”而非“只破不立”，以更好地发现知识和运用知识；其二，同时重视“社会的、历史的、文化的因素”与“物质的、客观的世界的作用”，反对“片面的”理论取向；其三，反对“单向度”的理论观点，强调人作为主体的建构作用，亦强调建构物对人的建构作用。[④] 当然，在建构主义研究中，建构物对人的建构作用，或者建构对群体、个体的影响并未被视为研究的核心问题或者重要问题。对此，笔者将在对建构主义的评析部分进一步讨论。

可见，建构主义是认可和鼓励多元研究方法的，认为在研究方法中也充满了建构性。研究方法反映了特定学术共同体的假设和价值观，这可以说是建构主义对研究方法的一种基本认知。所以在建构主义看来，与其说研究方法是为了做好研究以揭示事物本质，不如说是在创造着人

---

① 林聚任，等．西方社会建构论思潮研究［M］．北京：社会科学文献出版社，2016：131.

② BREY P. Philosophy of technology and social constructivism［J］. Society for Philosophy & Technology，1997（2）.

③ 林聚任，等．西方社会建构论思潮研究［M］．北京：社会科学文献出版社，2016：140.

④ 刘保，肖峰．社会建构主义：一种新的哲学范式［M］．北京：中国社会科学出版社，2011：280-281.

们眼中的本质①，正是因为实践中充满了建构因素，所以在方法的运用上也应具有丰富的灵活性。

（4）对实践的主张

格根主张，人们可借助社会建构造就新的实践形式。② 实践并不是单一向度的，而是充满了各种可能性。在治疗实践中，存在“叙事治疗、焦点解决短期治疗与后现代治疗”等实践形式；在组织变革实践中，存在“关系型领导”和“欣赏型探究”实践形式；在教育实践中，包括“批判教育学”与“合作学习取向”形式；等等。③

在治疗中，治疗实践可以考虑个人的特点和喜好，譬如，医生可以“重述个人生活”，让“病人”觉得这不是个人的问题，而是一个系统的问题，从而停止自我怀疑。在组织实践中，为了获得更大的组织效能，需要尽可能发挥成员的能力，那些“杰出的领导者”对成员施加影响并激发员工的动力，以此使组织走向成功。在建构主义看来，这样的领导存在严重的缺陷，没有充分考虑在关系中创造出的意义，也就是没有从个体转变为关系模式。因为对建构主义而言，领导力不是领导者个人的东西，而是共同体的一个重要维度。④ 与传统的问题聚焦组织变革模式相反，欣赏型探究（Appreciative Inquiry，AI）避免“问题谈话”（problem talk）模式，并意在以积极的态度调动团队和组织活力来促进组织变革。在课程教学中，建构主义强调走出个体主义学习促进个体的独立与人格发展的传统思维，突出走向关系性的合作学习。⑤

---

① 肯尼思·J·格根，玛丽·格根. 社会建构：进入对话［M］. 张学而，译. 上海：上海教育出版社，2019：74.

② 林聚任，等. 西方社会建构论思潮研究［M］. 北京：社会科学文献出版社，2016：49.

③ 肯尼思·J·格根，玛丽·格根. 社会建构：进入对话［M］. 张学而，译. 上海：上海教育出版社，2019：69.

④ DRATH W. The Deep Blue Sea：Rethinking the Source of Leadership［M］. San Francisco：Jossey Bass，2001：16.

⑤ 肯尼思·J·格根，玛丽·格根. 社会建构：进入对话［M］. 张学而，译. 上海：上海教育出版社，2019：46-62.

4. 建构主义的价值与优势

建构主义关注“社会实在”或“现实”，强调对日常生活和社会意义的研究[①]，它的优势在于强调真理的本土性以及通过创造关系对共享与合作极力探索，以追寻更为美好的人类未来。

虽然建构主义与心理学有着密切的关系，但与心理学不同，建构主义更关注外在效果与关系的建立，如重视知识的历史和文化特性，重视语言的作用并将其视作某种先决条件，把语言看作一种社会行动，关注互动、过程和社会实践，等等。[②] 这样的研究特点使建构主义也具有社会学、语言学、历史学和文化学的某些特色。这种共享包容性使建构主义产生了某种研究优势，以至于把它放入任何范畴都具有可行性：它既是一种理念，也是一种行动；既是一种思维方式，也是一种生活和行为方式。[③]

在格根看来，对“真理（Truth）的追寻者们”试图把世界简化为某种单一的、固定不变的语词序列的做法要格外小心，因为这样做会断送许多可能与机会。建构主义的最大魅力在于：“它鼓励人们不断创新”“为新的声音、新的愿景、新的重构、不同观点，以及关系的扩展和深化提供足够的空间。”[④] 格根从话语角度进行的这种强调设定了一种理想化的美好前景，有意把“不同声音、观点的激烈冲突”进行转化，从“建构性的辩证法”角度来看具有积极的意义。[⑤]

在林聚任等人看来，建构主义不但是一种被长期忽略的理论传统，是对抗主流社会学的一种话语工作，更重要的是：“它在方法论上站在

---

① 林聚任，等. 西方社会建构论思潮研究［M］. 北京：社会科学文献出版社，2016：30.

② BURR V. An Introduction to *Social* Constructionism［M］. London：Routledge，1995：5-8.

③ 肯尼思·J·格根，玛丽·格根. 社会建构：进入对话［M］. 张学而，译. 上海：上海教育出版社，2019：译丛总序Ⅱ：3.

④ 肯尼思·J·格根，玛丽·格根. 社会建构：进入对话［M］. 张学而，译. 上海：上海教育出版社，2019：22.

⑤ 刘保，肖峰. 社会建构主义：一种新的哲学范式［M］. 北京：中国社会科学出版社，2011：280-281.

以‘客观再现’为核心旨趣的表征观对面，强调现实的社会建构性”，从而“铺展出社会学研究的另一种可能”[①]。基于此，有学者指出：建构主义这套体系对解决我国当前普遍存在的各类社会和心理问题，具有重要的应用价值或工具价值。[②]

5. 建构主义的困境

伊恩·哈金在其《社会建构了什么?》中指出：“社会建构这个隐喻一度具有极为震撼性的价值，但现在它已变得疲软了。”[③] 之所以这样说，原因在于他认为建构主义出现了困境：滑向了相对主义和极端的主观主义，或者可以说，建构主义自身的优势同时也正是它自身的困境所在。

《建构主义研究手册》从八个方面谈及建构主义面临的挑战，分别涉及：社会建构的现实性（Stephen Pfohl）、建构主义的批判性（Dian Marie Hosking）、女性主义与建构（Barbara L. Marshall）、制度民族志与建构主义（Liza McCoy）、本土方法论的挑战（Michael Lynch）、文化研究的挑战（Joseph Schneider）、偏执性问题的挑战（Vered Amit）以及全球变化的动力挑战（Pertti Alasuutari）等。[④] 这些挑战将建构主义自身的危机与可能的发展相融合，并构成了建构主义研究的重点领域。我们可以把建构主义的主要困境归纳为两个方面。

（1）相对主义困境

格根使用“本土真理”来强调文化与关系，他同时看到，正是这种对“真理断言的躲避”使建构主义直面“道德工程的挑战”。[⑤] 这些挑战正是建立在建构主义自身难以有效化解的困境之上的。

---

① 林聚任，等．西方社会建构论思潮研究［M］．北京：社会科学文献出版社，2016：96.

② 肯尼思·J·格根，玛丽·格根．社会建构：进入对话［M］．张学而，译．上海：上海教育出版社，2019：译丛总序Ⅱ：3.

③ HACKING I. The Social Construction of What?［M］. Cambridge，MA：Harvard University Press，1999：35.

④ HOLSTEIN J A，GUBRIUM J F. Handbook of Constructionist Research［M］. New York：The Guilford Press，2008：645-781.

⑤ 格根．语境中的社会建构［M］．郭慧玲，等译．北京：中国人民大学出版社，2011：230.

建构主义反对“表征”，并用了一种替换实现这一目标：用“表征的社会性”代替了“表征的客观性”，不过，这种替换并未摆脱“客观—自然”与“主观—社会”的两元模式以及在两元模式之两极间的摇摆。① 我们可以这样理解这种替换的弱点所在：其一，它可能会陷入过度化的文化诠释，尤其是痴迷于过度的“修辞学”。② 其二，对抹去“外在”的过度强调，使建构主义自身形成了一种自我织茧的外在形象，每个人似乎被限定在自我经验之中并据此建构世界，这一模式面临着陷入“卡律布狄斯大漩涡”的唯我论危险。③ 唯我论的最大问题是反身性难题：依据建构主义方法论，它自身即是一种社会建构的产物，它如何在均为建构物的条件下去衡量其他的建构物呢？④ 由此看来，方法上的灵活性似乎让建构主义失去了某种坚实的根基。其三，建构主义可能在瓦解人类社会某种重要的安全感。这种重要的安全感是人类社会一种本体性的安全，它支撑着人们对周围世界的把握、理解和信任的建立与维持，建构主义过度强调关于过程与可能性的“doing”，而使作为常规化支撑安全感、确定性的“being”被忽略。⑤ 这样一来，建构主义看似怀揣着更大的梦想，却“将人类的日常生活不知不觉地置于不安与焦虑的深渊之中”⑥。

（2）激进之困

在格根看来，我们对习惯性思维已经变得麻木，建构主义要对这种情况进行彻底改变，“对知识、真理、交际和理解等概念进行激进的改造”。⑦ 把这种激进的改造观念落实在物质世界中，建构主义因此而受

① 林聚任，等．西方社会建构论思潮研究［M］．北京：社会科学文献出版社，2016：139.
② 姚国宏．“当代科学技术与哲学”学术研讨会综述［J］．自然辩证法通讯，2007（1）.
③ 格根．语境中的社会建构［M］．郭慧玲，等译．北京：中国人民大学出版社，2010：143.
④ 林聚任，等．西方社会建构论思潮研究［M］．北京：社会科学文献出版社，2016：140.
⑤ FUSARI A. Methodological Misconceptions in the Social Sciences［M］. Berlin：Springer，2014：32.
⑥ 林聚任，等．西方社会建构论思潮研究［M］．北京：社会科学文献出版社，2016：141.
⑦ 格拉塞斯费尔德．激进建构主义［M］．李其龙，译．北京：北京师范大学出版社，2017：32.

到质疑，因为激进建构主义强调世界必然通过知识与表述出现于人们的面前，即使面对物质世界，这句话同样适用：“真理仅仅存在于共同体内部”①。

格根也强调，诸如“地球是圆的”一类的例子，不能仅仅依靠集体共识，而需要两类支柱：实验对比探索和共同体共识，但是他仍然强调真理产生于共同体内部对两个支柱的重要性。② 他的这种阐释并未获得广泛认可，实际上，真理在某种共同体内部获得认可只是物质世界真理形成过程中的一小部分，或者只是在发现、认识的某一阶段上发挥重要作用，而后扩大范围并通过实践检验，才能够成为真理。在实用性上，建构主义更倾向于求真过程以及认知的传播过程，但是激进倾向过分夸大了某种共同体的言辞，而又难以提供重要的、有效的支撑。

二、建构主义中的类型化研究

1. 社会问题建构分析

社会问题是社会学研究的一个重要课题，诸如失范理论、功能理论、冲突理论、越轨理论等均给出了各自视角内较有说服力的解释。不过，在建构主义看来，这些解释均不同程度地陷入了社会问题的外生视角困境，这种外生视角认为：是社会事实或现实本身出了问题，只有认识了这些问题才能够为解决问题提供科学的方法和对策。③ 所以对此需要反思，如“社会问题”到底意味着什么，该如何研究社会问题，两者处于社会问题研究的中心，并给研究带来了某种困境。④

---

① 肯尼思·J·格根，玛丽·格根. 社会建构：进入对话［M］. 张学而，译. 上海：上海教育出版社，2019：16.

② 肯尼思·J·格根，玛丽·格根. 社会建构：进入对话［M］. 张学而，译. 上海：上海教育出版社，2019：17.

③ 刘保，肖峰. 社会建构主义：一种新的哲学范式［M］. 北京：中国社会科学出版社，2011：241.

④ SCHNEIDER J W. Social Problems Theory : the Constructionist View［J］. Annual Review of Sociology，1985（11）：209-229.

1985年，社会学家施耐德（J. W. Schneider）在《社会学评论》上对社会问题的社会学起源和发展的研究做了评论性的综述。在他看来，赫伯特·布鲁默（Herbert Blumer），尤其是马尔科姆·斯佩克特（Malcolm Spector）和约翰·基特修斯（John L. Kitsuse）的工作使从理论整合与经验可行性的写作角度的社会问题研究传统得以确立。这种研究传统的中心命题是：社会问题是人们定义的，或者说“社会问题是由社会建构起来的，既包括问题参与者所追求的特定行为和互动，也包括这些活动的过程”①。施耐德的这篇论文也成为社会问题建构主义分析的标杆性作品，甚至被认为是“社会问题建构论”的肇始。②

施耐德强调的马尔科姆·斯佩克特和约翰·基特修斯的杰出工作指的是他们于1977年出版的《建构社会问题》（*Constructing Social Problems*）一书。该书明确提出了社会问题的建构性，认为理解社会问题的关键是搞清楚社会成员是如何把某一状态定义成问题的，要关注的不是作为问题的结果，而是成为问题的过程。从建构视角来看，关于社会问题的理论要对这种问题宣称以及相应行动、过程的形成、属性和维持提供解释。③

自20世纪70年代末，社会问题研究与越轨行为研究、科学研究、新闻研究一起成为建构主义观点应用的重要领域。④ 在美国社会学研究领域中，从建构主义视角讨论“社会问题”的研究数量也显著增加。⑤

概言之，建构主义的社会问题研究强调从过程、动态视角看待问题

---

① SCHNEIDER J W. Social Problems Theory : the Constructionist View [J]. Annual Review of Sociology, 1985 (11): 209-229.

② 闫志刚. 社会建构论：社会问题理论研究的一种新视角 [J]. 社会，2006 (1).

③ SPECTOR M, KITSUSE J I. Constructing Social Problems [M]. New York: Aldine de Gruyter, 1987: 75-76.

④ BEST J. Historical Development and Defning issues of Constructionist Inquiry [M] // HOLSTEIN J A, GUBRIUM J F. Handbook of Constructionist Research. New York: The Guilford Press, 2008: 43.

⑤ BEST J. Historical Development and Defning issues of Constructionist Inquiry [M] // HOLSTEIN J A, GUBRIUM J F. Handbook of Constructionist Research. New York: The Guilford Press, 2008: 60.

的生成，认为社会问题的生成是人们根据客观事实经过特定的过程建构出来的，是不同参与群体互动的结果，在研究中要强调文化、历史的特殊性，也要强调变化中的权力、利益、合作等维度。有研究者指出，这一研究理路对从新的视角研究社会问题具有较好的指导意义。①

在建构主义者看来，社会问题成功建构的过程有许多划分方法，如四阶段划分法：（1）大众的“问题诉求”，即问题从“个人诉求”向大众转化阶段；（2）领域精英的“问题呼吁”，以得到更多的社会关注；（3）大众传媒的“问题宣传”，进一步将问题的关注度和影响扩大；（4）权威机构的“问题论证和行动”，促进运用公共政策资源进行解决。②

环境问题是一类重要的社会问题，建构主义视角在相关研究中受到重视并得到了广泛应用。洪大用提出的环境社会学的学科基础和研究主题“环境问题的产生及其社会影响”③ 具有深刻的意义。他强调，环境问题中不能忽视人与人之间的关系：“环境问题不仅表现为人（社会）与自然的矛盾，而且越来越表现为人与人之间的矛盾”④，“对于环境问题的理解应当包含对于其主观建构过程的理解”⑤，研究者不能忽视社会不同群体的认知与协商。在此基础上，他进而指出从建构主义视角阐释环境问题时持有的六个要点。⑥ 社会学家汉尼根指出：环境议题和问题本身是社会定义与建构的产物，并提出了自然、社会与环境的突现模型。⑦ 关于资本主义下生态危机问题，西方生态学马克思主义认为其关

---

① 洪长安．环境问题的社会建构过程研究：以九曲河污染为例［D］．上海：上海大学，2010：27.

② 刘保，肖峰．社会建构主义：一种新的哲学范式［M］．北京：中国社会科学出版社，2011：244-247.

③ 洪大用．西方环境社会学研究［J］．社会学研究，1999（2）.

④ 洪大用．社会变迁与环境问题：当代中国环境问题的社会学阐释［M］．北京：首都师范大学出版社，2001：5.

⑤ 洪大用．试论环境问题及其社会学的阐释模式［J］．中国人民大学学报，2002（5）.

⑥ 洪大用．试论环境问题及其社会学的阐释模式［J］．中国人民大学学报，2002（5）.

⑦ 汉尼根．环境社会学：第 2 版［M］．洪大用，等译．北京：中国人民大学出版社，2009.

键亦是社会因素，“资本”居于社会因素的核心位置。David Pepper 根据对资本主义“成本外在化”的研究指出：所谓解决生态危机的“绿色资本主义”只不过是一个骗局而已。① 在“资本”的背后，是一系列制度问题。Paul Burkett 指出了资本主义下资本积累引发的危机以及城市与乡村分野形成的危机②，他认为环境危机是内在于资本主义的，而且是资本主义的根本性危机。基于这样的分析，西方生态学马克思主义者们主张：只有消灭资本主义才有可能彻底解决生态危机，把矛头最终指向了资本主义社会中人与人之间的关系问题。对资本主义而言，环境问题具有建构的必然性。

建构主义视角在环境问题方面的经验研究得到了广泛的应用。陈阿江指出：环境污染的问题化是环境治理的前提条件，环境污染转化为社会问题的过程是一种综合性的建构过程，并且，科学技术深嵌到环境社会问题的形成过程中。这种理解思路可以揭示早期工业化进程中环境污染难于形成问题化的机制。③ 钟兴菊和罗世兴从不同类型环境社会组织角度提出“多元生态位—接力式建构—环境议题政策化”的环境问题建构解释逻辑，他们认为在实践中存在环境问题接力式建构的模式。④ 洪长安在博士学位论文中指出，“九曲河污染”问题长期被遮蔽是村民、企业和政府三者之间“利益共谋”的结果，这样的结果及这一问题的实质在于社会建构，也就是说它在本质上是一种社会建构的过程与结果。⑤

2. 科学知识建构分析

伯格与卢克曼于 1966 年出版了《现实的社会建构：知识社会学论

① PEPPER D. *Eco-Socialism*：from Deep Ecology to Social Justice［M］. London，York：Routledge，1993：95.

② BURKETT P，Marx and Nature：A Red and Green Perspective［M］. London：Macmillan Press LiD，1999：107.

③ 陈阿江. 环境污染如何转化为社会问题［J］. 探索与争鸣，2019（8）.

④ 钟兴菊，罗世兴. 接力式建构：环境问题的社会建构过程与逻辑：基于环境社会组织生态位视角分析［J］. 中国地质大学学报（社会科学版），2021（1）.

⑤ 洪长安. 环境问题的社会建构过程研究：以九曲河污染为例［D］. 上海：上海大学，2010：27.

纲》，这本书在某种程度上标志着社会建构论的诞生，直接掀起了社会建构论研究的大潮。[①] 他们强调，某种“现实”和“知识”只有在特定的社会背景下才会得以“凝聚”（agglomeration）。该书强调的基本观点是：“现实是社会建构的，而这一建构过程正是知识社会学的分析对象。”[②]知识社会学不仅与人类社会“知识”的多样性有关，而且与一切“知识”成为“现实”所经历的社会过程有关。[③]

默顿学派在20世纪70年代中期之后呈现式微态势，各类“新科学社会学”陆续出现并受到重视，它们因相似的科学知识观而被冠以“SSK”之称。爱丁堡学派的“强纲领”（strong programme）、经验相对主义、“实验室研究”、话语分析等理论流派或分析方法等均被归为知识社会学的范畴内。[④]

《知识和社会意象》（1976）、《科学知识与社会学理论》（1974）被视作爱丁堡学派的重要代表作品，大卫·布鲁尔（David Bloor）和巴里·巴恩斯（Barry Barnes）是该学派的重要代表人物，他们提出的“强纲领”主张主要体现为四个信条（tenets）：一是因果关系信条，即体现为因果关系的，涉及导致信念或者各种知识状态的条件；二是客观公正信条，即对真理和谬误、合理性或者不合理性、成功或者失败保持客观公正的态度；三是对称性信条，即说明风格是对称的，譬如，同一些原因类型对真实的和虚假的信念均可以做出说明；四是反身性信条，即各种说明模式必须能够用于其自身（社会学），体现为人们寻求一般性说明的要求。[⑤]“强纲领”强调：“包括自然科学知识和社会科学知识

---

① 林聚任，等. 西方社会建构论思潮研究［M］. 北京：社会科学文献出版社，2016：90.

② 伯格，卢克曼. 现实的社会建构：知识社会学论纲［M］. 吴肃然，译. 北京：北京大学出版社，2019：3.

③ 伯格，卢克曼. 现实的社会建构：知识社会学论纲［M］. 吴肃然，译. 北京：北京大学出版社，2019：5.

④ 林聚任，等. 西方社会建构论思潮研究［M］. 北京：社会科学文献出版社，2016：50.

⑤ 布鲁尔. 知识和社会意象［M］. 艾彦，译. 北京：东方出版社，2001：7-8.

在内的所有人类知识，都是处于一定的社会建构过程之中的信念，所有这些信念都是相对的，受社会因素的影响。”①

哈里·柯林斯是经验相对主义的代表人物之一。他认为相对主义是一种“令人神怡的林间通道”，与一条铁路相比，它可以带来可选择的路线，提供更加丰富的风景。② 他探讨了科学家得出实验结论的内在机制，认为规则是社会群体的特性，会随着群体的变化而变化。他强调：“什么算是真”（what counts as true），答案不是客观的，也不是唯一的，而是社会过程的结果。③ 因此，“在科学知识的建构中，自然界的作用很小甚至根本不起作用”④。

拉图尔和史蒂夫·伍尔加运用民族志方法对科学家在实验室的工作进行了研究，发表了著名的《实验室生活：科学事实的建构过程》，明确提出实验室并非一个纯粹的获取知识的空间，而是充满战斗和富有战斗力的地方，而所谓的科学成果则是在实验室中生产或人造的产物。⑤ 奥地利社会学家卡林·诺尔-塞蒂纳于 1981 年发表的《制造知识：建构主义与科学的与境性》是建构主义的经典作品。她认为，实验室是“发现的与境”⑥，而不是“证实的与境”，在对知识论断做出反应时，是科学共同体赋予了发现与境决定性的地位。⑦ 格根强调“只有共同体

---

① 林聚任，等. 西方社会建构论思潮研究［M］. 北京：社会科学文献出版社，2016：9.

② 柯林斯. 改变秩序：科学实践中的复制与归纳［M］. 成素梅，张帆，译. 上海：上海科技教育出版社，2007：2.

③ 柯林斯. 改变秩序：科学实践中的复制与归纳［M］. 成素梅，张帆，译. 上海：上海科技教育出版社，2007：156.

④ COLLINS H. Stages in the Empirical Programme of Relativism［J］. Social Studies of Science，1981（1）.

⑤ 拉图尔，伍尔加. 实验室生活：科学事实的建构过程［M］. 张伯霖，刁小英，译. 北京：东方出版社，2004：15.

⑥ 在《制造知识——建构主义与科学的与境性》译者前言中，译者对“与境”做了说明，认为与境对应英语中的 context，即“上下文”“语境”“脉络”。它引申为两方面：“语义”和“生成”，前者包括理论、方法、价值等成分，后者引申为社会、历史、政治、心理等因素。诺尔-塞蒂纳在本书中主要在“生成”层面。因此，不能将英文中的 context 译为“上下文”“语境”“脉络”。

⑦ 诺尔-塞蒂纳. 制造知识：建构主义与科学的与境性［M］. 王善博，等译. 北京：东方出版社，2001：14.

内部的真理”才有助于理解这种建构的知识观，基于共同体的知识是为了不同目的而存在的，所以它为建构论挑战传统的知识生产奠定了基础。① 诺尔-塞蒂纳引入库恩（Thomas Kuhn）使用的不同共同体发展出的“范式”（Paradigms）概念，她认为：“范式”作为学术共同体制造意义的“引擎”（engines）可以在内部产生重要成果，研究者也会被它“戴上眼罩”。为此，需要用建构论模糊学科之间的边界②，以实现跨界的对话。③

在建构主义看来，知识建构的关键在于知识并不是产生于个体思想，而是产生于相互关系，这种认知和观点把知识生产领域带入了一种聚焦：“人们之间协调行动的进行过程。”④ 不过，由于“实验室研究”的“强建构论”或“激进建构”色彩，这样的主张也受到许多质疑。⑤

3. 话语建构分析

古典修辞学里关于公共话语中“如何表达好”的研究被视为话语研究跨学科的一个源头，其当代发展出现在1964—1974年，此时人文科学与社会科学均获得了巨大的发展。⑥ 也正是在此时，西方学术界出现了相关研究的“语言学转向”，话语建构取向的研究是这种转向当中非常重要的组成部分。人类社会话语的众多特性成为建构主义推崇话语研究的重要依据，并为这些研究提供了重要的研究基础。

梵·迪克在《话语研究：多学科导论》中概括了话语研究中话语

① 肯尼思·J·格根，玛丽·格根. 社会建构：进入对话［M］. 张学而，译. 上海：上海教育出版社，2019：70-71.

② 在诺尔-塞蒂纳看来，科学知识之所以被划分成不同的学科，形成清晰的边界，如化学、地理、历史等，在很大程度上是基于设定了世界上存在“客观真理”的假设（诺尔-塞蒂纳. 制造知识：建构主义与科学的与境性［M］. 王善博，等译. 北京：东方出版社，2001：71.）。

③ 诺尔-塞蒂纳. 制造知识：建构主义与科学的与境性［M］. 王善博，等译. 北京：东方出版社，2001：72.

④ 格根. 语境中的社会建构［M］. 郭慧玲，等译. 北京：中国人民大学出版社，2011：138.

⑤ 林聚任，等. 西方社会建构论思潮研究［M］. 北京：社会科学文献出版社，2016：54.

⑥ 迪克. 话语研究：多学科导论［M］. 周翔，译. 重庆：重庆大学出版社，2015：1.

的主要属性：(1) 作为社会互动的话语；(2) 作为权力和宰制的话语；(3) 作为交流的话语；(4) 作为上下文情境化的话语；(5) 作为社会意指过程的话语；(6) 作为自然语言应用的话语；(7) 作为复杂、分层结构的话语；(8) 序列和结构层次；(9) 抽象结构与动态策略；(10) 类别或类型。[①] 乔纳森·波特和玛格丽特·韦瑟雷尔在他们的著作《话语和社会心理学》(*Discourse and Social Psychology*) 中对那些日常生活中的描述、评估或说明的话语进行了理论界定和研究，并介绍了相关的研究方法。他们的研究展现出话语的三个主要特征：建构性、功能性和可变性。[②] 话语的属性为建构主义强调的相对性、关系性以及合作前景提供了广阔的空间。

话语建构分析的一个基本假设是：语言或话语应被看作社会建构的基本途径或工具。在话语建构分析中，以下方面受到重视：(1) 语言具有各种不同的功能，应用中也会有不同的结果；(2) 语言既是被建构的，也是建构性的；(3) 同一现象可用众多不同的方式描述；(4) 在解释上存在极大的可变性；(5) 并不存在应对这种可变性的良方；(6) 语言使用中的建构性和灵变性本身应该成为研究的核心主题。[③]

无论强调话语是被建构出来的，还是话语具有的社会建构性，话语分析都是建构主义的一条主线，或者被视为一种核心支撑。因为在某种程度上，话语与建构主义的元问题和主要关注都有着密切的关系，甚至可以说，通过无所不在的话语和话语的功能性，建构主义期待着建构出一个全新的世界。[④]

格根提出了这样一个问题："在日益全球化的语境下——在这里文

---

① 迪克．话语研究：多学科导论 [M]．周翔，译．重庆：重庆大学出版社，2015：3-5.
② 伯克，布里曼，廖福挺．社会科学研究方法百科全书 [M]．沈崇麟，赵锋，高勇，译．重庆：重庆大学出版社，2017：328.
③ 林聚任，等．西方社会建构论思潮研究 [M]．北京：社会科学文献出版社，2016：161.
④ 肯尼思·J·格根，玛丽·格根．社会建构：进入对话 [M]．张学而，译．上海：上海教育出版社，2019：7.

化差异越来越明显——是否需要一系列新资源?"① 在建构主义者看来，话语建构突破了共同体传统的那种“说出事实”的方式②，这也就意味着从转变话语来“降低毁灭冲动”，“使它们自身适用于更丰富和更可持续的共同生活”③ 成为可能。格根强调，价值是柔性的、主观的，只能代表个人意见，虽然人们认同事实，但每个人却享有自己的价值观念，基于这样的情况，话语建构会挑战那种长期存在的事实与价值相分离的现象。他以 2003 年描述伊拉克萨达姆·侯赛因政权瓦解事件的三个新闻报道为例进行了说明：三个显著不同的立场表明了并不存在价值中立的描述。④

要想化解冲突毁灭，需要在“话语语域”（discursive register）进行转变，“从一种冲突立场转向一种问题化冲突本身的立场”，不要再将辩护者推向罪恶他者的位置，努力尝试新的关系形式成为急迫的任务。⑤ 格根认为，关键的问题是要区分个人本质和表达，把人与话语相分离的一个重要后果是可以减少朝向罪恶的心理本质化归因的倾向。格根指出，通过这样的做法我们就能够探索多元的潜力，让实在论和建构论的倡导者们的相互表达对方立场的潜力得到释放。⑥

4. 实践建构分析

实践建构分析主要存在两条线索，一是科学实践，二是实践关系。林聚任等人指出，从 20 世纪 90 年代以来，特别是“科学大战”之后，

---

① 格根．语境中的社会建构［M］．郭慧玲，等译．北京：中国人民大学出版社，2011：68.

② 肯尼思·J·格根，玛丽·格根．社会建构：进入对话［M］．张学而，译．上海：上海教育出版社，2019：11.

③ 格根．语境中的社会建构［M］．郭慧玲，等译．北京：中国人民大学出版社，2011：22.

④ 格根 J，格根．社会建构：进入对话［M］．张学而，译．上海：上海教育出版社，2019：14-15.

⑤ 格根．语境中的社会建构［M］．郭慧玲，等译．北京：中国人民大学出版社，2011：18.

⑥ 格根．语境中的社会建构［M］．郭慧玲，等译．北京：中国人民大学出版社，2011：19-20.

在建构主义中出现了“实践论转向”，从 SSK 演变到了后 SSK，代表性的成果是美国学者安德鲁·皮克林提出的“实践冲撞论”（the mangle of practice），即人的能动性与物质能动性之间不断相互作用的过程，也被称为“能动性之舞”（a dance of agency）。[①] 它表明了一种趋势，即从关注表征转向关注运作，从“人类主义”转向“后人类主义”（post-humanism）。“后人类主义”强调非人的因素在科学实践中与人的因素是相对称的，物质的能动作用与人的能动作用同等重要。[②]

与主要关注科学实践的取向不同，格根强调通过寻求对话与合作以改变实践的传统取向，实践建构意味着实践关系的建构，显然，他的这种主张与建构主义关注关系的传统是密切相关的。“它强调的是通过协调达成意义。”[③] 治疗领域是实践建构的一个重要场域。在治疗领域中，建构主义强调要把问题移出问题域，并将其转向一种美好前景。

在建构主义者看来，传统的治疗实践存在一个重大的谬误，即假定“问题”（疾病）对于我们的诠释形式而言是独立存在的。而实际上，所谓的“问题”（疾病）只不过是一个“随意性的诠释”，只是世界需要它而已。建构主义担心的是：往往在难以驾驭的情况下，才会将现实本质化并以问题的方式来界定世界。格根强调，在治疗实践中存在一些建构性的概念维度，譬如，林恩·霍夫曼的研究可以支撑“立场的灵活性”，米兰学派的研究可以支撑“建构意识”，协作语言系统可以支撑“协作取向”，女权主义治疗可以支撑“价值相关立场”，叙事治疗可以支撑“话语强调”，等等[④]，同时他也强调：当这些概念维度在实践中无效时，要从建构角度关注更多生成性的关系。虽然我们面临着治

---

① 林聚任，等. 西方社会建构论思潮研究［M］. 北京：社会科学文献出版社，2016：54-55.

② 林聚任，等. 西方社会建构论思潮研究［M］. 北京：社会科学文献出版社，2016：55.

③ 格根. 语境中的社会建构［M］. 郭慧玲，等译. 北京：中国人民大学出版社，2011：124.

④ 格根. 语境中的社会建构［M］. 郭慧玲，等译. 北京：中国人民大学出版社，2011：131.

疗的更大挑战，但新颖、革新的实践将为我们呈现更加激动人心的未来图景。①

在建构主义者看来，在教育实践中，传统教育强调要生产出知识渊博的个体，教师不关注或脱离学生的存在经验；在讨论现实时，教师仿佛是没有感情的、静态的、分离的和可预期的。建构主义者偏爱学生能与教师、他人“共同决定富有重要性的议题和最可能接受有效参与的活动种类”的实践②，主张“从以主体和儿童为中心的教育模式转向以关系为中心的教育模式”③。在对全球性组织的分析中，建构主义同样强调在关系过程中发现和推进后现代组织的伦理潜力。④

“触发式会话”和“突现模型”是实践建构研究中常被应用的两类重要的模型。前者通过强调建构过程而突出对组织科学的替代性洞察。在后现代语境中，“科学”是一个强调不断交流、不停反思和转变的概念，任何当前静态的记述只是会话的开始，而不是某种结论或者过程的终结。格根就此说道：“我们才刚刚开始发展有效的实践形式。未来掌握在我们自己手中”⑤，要在实践中保持对话的继续。⑥“突现模型”围绕“自然、社会和环境的关系”生成与发展，强调“我们与自然的关系被概念化为既是流动多变的又是即时生成的”⑦。我们与自然之间关系的概念是突现的和灵动的；同时，社会行动者和民族国家概念已经过

---

① 格根．语境中的社会建构［M］．郭慧玲，等译．北京：中国人民大学出版社，2011：132.

② 格根．语境中的社会建构［M］．郭慧玲，等译．北京：中国人民大学出版社，2011：152.

③ 格根．语境中的社会建构［M］．郭慧玲，等译．北京：中国人民大学出版社，2011：159.

④ 格根．语境中的社会建构［M］．郭慧玲，等译．北京：中国人民大学出版社，2011：161.

⑤ 肯尼思·J·格根，玛丽·格根．社会建构：进入对话［M］．张学而，译．上海：上海教育出版社，2019：105.

⑥ 格根．语境中的社会建构［M］．郭慧玲，等译．北京：中国人民大学出版社，2011：195-196.

⑦ 汉尼根．环境社会学：第2版［M］．洪大用，等译．北京：中国人民大学出版社，2009：2.

时，全球流动和网络的“突现性质”已经成为焦点。[1] 该模型主张：对环境治理结构与手段的变革，必须考虑让更多的公众参与其中，而且环境社会学家们可以有效开发“强调突现与社会建构的社会学解释模型”的其他一些领域。[2]

5. 时空建构分析

主要存在两类时空建构研究取向：一是以格根为代表的激进时空建构取向，该取向更多关注具有个体性的空间特征，多被运用在心理和实践分析中；二是后现代主义下的时空生产建构取向，这种取向在社会理论研究中具有悠久的传统。

格根强调皮亚杰心理学中的时空建构问题。在他看来，虽然皮亚杰不是第一个认为“我们”建构了生活世界中的概念与图像的人，但他在《儿童对现实的建构》（1937）一书中提出的把空间、时间和因果关系融入物的概念结构之中的观点却是独特的。[3] 格根基于皮亚杰的分析，提出“原始空间”的概念：它是一个从开始就没有结构也没有大小的空间，“而仅仅可作为所有能再现而恰恰不注意的客体储存的空间”，“持久性客体”就会在其中沉睡，直到有其他经历结束之后才重新进入该领域。此时，为了“超间歇地保持个体同一”，他认为需要如同橡皮带子一样可以伸缩的联结，这种联结就是“原始时间”：它是被建构在经验范围以外的连续性，把现在对客体的经验同过去经验相结合起来的连续性。[4]“原始空间”与“原始时间”的持续便构成了我们日

---

① 汉尼根．环境社会学：第2版［M］．洪大用，等译．北京：中国人民大学出版社，2009：155-157.

② 汉尼根．环境社会学：第2版［M］．洪大用，等译．北京：中国人民大学出版社，2009：3.

③ 格拉塞斯费尔德．激进建构主义［M］．李其龙，译．北京：北京师范大学出版社，2017：22.

④ 格拉塞斯费尔德．激进建构主义［M］．李其龙，译．北京：北京师范大学出版社，2017：141.

常生活中“存在”之类的领域。[①] 皮亚杰所做的揭示了儿童直接经验领域外的物的世界的建构性，即空间和时间的世界，它是对存在世界的建构。[②]

与激进建构主义相比，社会理论中的时空建构问题获得了更广泛的关注。建构主义强调，在传统研究中，时间并未被赋予足够的重视，甚至被视为一个不加异议的外在变量，这一问题在实证主义社会学主导的范式之下体现得尤其明显。多数时候，研究者对共时性的强调要远高于历时性分析，即使对社会变迁的研究，也常把时间因素做抽象处理。[③] 面对缺乏变迁分析的批评，塔尔科特·帕森斯在其结构功能主义框架下用进化理论中的“调适”和“调适升级”（adaptive upgrading）进行应对与回应。但吉登斯对其提出了质疑，认为这种概念既空洞无物，又缺乏逻辑，而且在许多情况下被证明是错误的。[④]

芭芭拉·亚当在《时间与社会理论》中专门探讨了社会研究中的时间问题。在他看来，时间问题绝不能被置于社会理论之外，而其解决的办法也不仅仅是把共时分析和历时分析融合起来这样简单。[⑤] 对吉登斯而言，时间与空间的相关机制是现代社会生活独特的动力学机制之一，它为“现代社会关系和社会秩序的重组和控制提供了坚实的基础”[⑥]。基于这样的定位和分析，时间建构性的重要意义凸显了出来。

林聚任等人强调：“任何社会时间都是一定的社会背景条件下社会

① 格拉塞斯费尔德．激进建构主义［M］．李其龙，译．北京：北京师范大学出版社，2017：101.

② 格拉塞斯费尔德．激进建构主义［M］．李其龙，译．北京：北京师范大学出版社，2017：142.

③ 林聚任，等．西方社会建构论思潮研究［M］．北京：社会科学文献出版社，2016：220.

④ 吉登斯．社会的构成：结构化理论纲要［M］．李康，李猛，译．北京：中国人民大学出版社，2016：219.

⑤ 亚当．时间与社会理论［M］．金梦兰，译．北京：北京师范大学出版社，2009：57.

⑥ 亚当．时间与社会理论［M］．金梦兰，译．北京：北京师范大学出版社，2009：2.

互动的产物，具有突出的变化性和相对性意义。”① 对芭芭拉·亚当而言，所有的时间都离不开社会的互动，都是社会时间并成为社会事实；在社会科学家眼中，时间既是秩序的原则，又是社会运行中的工具，同时也是自然事件和社会事件的概念组织符号，他们坚信时间的根本性在于社会建构性。②

时间的建构性主要体现在两个方面：一是时间的社会意义是相对的，并不存在统一的绝对时间；二是时间的社会意义产生于一定的社会互动条件之下，社会文化结构决定时间的社会意义。③ 基于时间的建构性，研究社会，尤其是社会互动不能缺少时间维度。这一观念已经形成了较为广泛的共识：深入认识时间的建构性，“将有助于我们更好地利用时间维度对社会现象或事物做出解释”④。

后现代研究的兴起推动和加速了空间研究进程，出现了一种理论的“空间化”研究趋势，空间的社会意义受到高度重视，并被赋予了新的内涵。⑤ 哈维、列斐伏尔、苏贾等众多后现代理论家们从不同维度鲜明地强调空间的社会性和建构性。芝加哥学派的城市空间论、工业社会空间论、权力空间理论、场域空间理论（布迪厄）、时空理论（吉登斯）、空间生产理论（列斐伏尔）、空间正义理论（哈维）和网络时空论（卡斯特）等构成了空间社会学的主要流派。当然，后现代研究中的空间建构多基于马克思留下的遗产，大多数明晰的空间问题研究都或多或少地受到马克思相关研究和思想的影响。⑥

---

① 林聚任，等．西方社会建构论思潮研究［M］．北京：社会科学文献出版社，2016：225.

② 亚当．时间与社会理论［M］．金梦兰，译．北京：北京师范大学出版社，2009：52.

③ 林聚任，等．西方社会建构论思潮研究［M］．北京：社会科学文献出版社，2016：227-229.

④ 林聚任，等．西方社会建构论思潮研究［M］．北京：社会科学文献出版社，2016：230.

⑤ 林聚任，等．西方社会建构论思潮研究［M］．北京：社会科学文献出版社，2016：230.

⑥ 齐埃利涅茨．空间和社会理论［M］．邢冬梅，译．苏州：苏州大学出版社，2018：5.

针对西方空间研究思潮，林聚任等人认为有四个主要议题需要进一步探讨。一是如何认识空间问题在社会理论中的地位；二是如何认识空间与社会之间的关系；三是空间过程的本质，空间变动的机制；四是进行空间分析的方法。其中，社会空间是一个概念工具还是分析的对象，这构成了一个重要的问题。[①]

从中国实际问题出发，以刘少杰和景天魁等为代表的中国学术界对空间建构问题进行了深入研究。刘少杰对西方空间研究进行了系统梳理，并指出在对空间研究中，有一条清晰的发展线索，即以马克思的感性实践[②]观点为基础的立足实践的社会空间研究，借鉴这些研究成果对中国空间变迁、空间矛盾、空间权利、空间治理和空间秩序开展深入研究，具有重要的现实意义。[③] 景天魁指出：时间和空间是现代社会生产与生活的构成性要素，社会时空是建构社会理论的核心范畴，社会时空成为理解现代社会的重要视角和方法，时空社会学可助力构建适应中国崛起需要的学术话语体系。[④]

6. 利益相关者建构分析

利益具有强大的魔力，它如同一个强有力的巫师，在一切生灵的眼前改变着一切事物的形式，并且支配着我们的一切判断。[⑤] 建构主义关注利益相关者分析除了与利益在人类社会中的存在状态有关外，还与其自身对建构的过程性、关系性的主要关照有关。利益本身所指的是一种

---

① 林聚任，等．西方社会建构论思潮研究［M］．北京：社会科学文献出版社，2016：242-245.

② 刘少杰指出：马克思认为人类的实践活动既有感性实在性，又有理性能动性，是在理性思维支配下展开的创造性的感性活动。马克思的感性活动概念同实践概念具有同等含义，在这个意义上，我们也可以把马克思的实践概念直接称为“感性实践”。当马克思把实践称为“感性活动”时，突出了实践的现实性和物质性。

③ 刘少杰．以实践为基础的当代空间社会学［J］．社会科学辑刊，2019（1）．

④ 景天魁．时空社会学：一门前景无限的新兴学科［J］．人文杂志，2013（7）．

⑤ 法国哲学家爱尔维修在讨论与社会相联系的精神时写道：“无论在道德问题或认识问题上，都只是利益宰制着我们的一切判断。正如我们曾经打算证明的那样，唯有利益支使着我们对人们的各种行为和观念表示尊重或蔑视。”（北京大学哲学系外国哲学史教研室．十八世纪法国哲学［M］．北京：商务印书馆，1963：457.）

泛化的状态，同样，在建构主义视角下，所谓的“利益”既可以指经济、政治、宗教利益，也可以指认识上的或专业上的、职业上的等各个维度的利益[①]，所以它具有相当广泛的涵盖性。

作为一种概念的“利益相关者”产生于经济学领域，发轫于对团体与现代公司利害关系的关注。[②] 作为一个专有名词，“利益相关者”（stakeholder）最早出现于斯坦福研究中心（SRL 公司）1963 年内部备忘录中的一篇论文中。据弗里曼推测，该术语应是对“股东”（stock-holder）概念泛化而产生的，它最初被定义为“没有它们的支持组织就不再存在的团体”，最早的范畴包括：股东、雇员、顾客、供应商、债权人和社团。[③]

伊戈尔·安索夫（Igor Ansoff）、罗伯特·斯图尔特（Robert Stewart）和马里翁·德舍尔（Marion Doscher）等被视为利益相关者研究的先驱。他们认为：必须关注利益相关团体的需求和所关切的事情，否则公司将失去必要的支持，从而无法达到目标。[④] 罗素·阿考夫（R. Ackoff）从组织系统给出了利益相关者的定义，并提出“开放系统”的观念，指出基于系统中利益相关者的支持与互动，组织可以重新设计基本制度以解决社会问题。[⑤] 对利益相关者的划分是相对的，各种划分之间常存在大量的交叉内容。在 A. 米切尔（A. Mitchell）看来，权威利益相关者是蛰伏利益相关者或有利益相关者以及要求利益相关者

---

① 赵万里 . 科学的社会建构：科学知识社会学的理论与实践［M］. 天津：天津人民出版社，2002：152.

② 弗里曼 . 战略管理：利益相关者方法［M］. 王彦华，梁豪，译. 上海：上海译文出版社，2006：29.

③ 弗里曼 . 战略管理：利益相关者方法［M］. 王彦华，梁豪，译. 上海：上海译文出版社，2006：38.

④ 弗里曼 . 战略管理：利益相关者方法［M］. 王彦华，梁豪，译. 上海：上海译文出版社，2006：38.

⑤ 弗里曼 . 战略管理：利益相关者方法［M］. 王彦华，梁豪，译. 上海：上海译文出版社，2006：44.

的交叠部分，处于它们的核心位置。①

在建构主义者看来，利益相关者对人类行为有着关键作用，因为利益相关者结成的共同体的可理解性惯例决定了如何诠释所观察的世界。② 在对现实的建构中，到处充满着利益的角逐：

> 谁的传统受到尊崇或如此不容置疑？又是谁的声音受到压制或被噤声？……新闻报道、政治演说或科学著作建构的是一个什么样的世界？哪些人从中受益？谁又被边缘化？我们是否必须接受这种建构世界的方式？它们将为我们创造怎样的未来？③

格根式的这种发问在话语建构分析和社会问题建构分析中颇为常见，甚至在科学研究中亦是如此，如这样的陈述："科学研究中的利益冲突是普遍而且严重的问题"④。

"利益分析纲领"作为爱丁堡学派"强纲领"范式中的重要组成部分，强调不同利益诉求作为影响科学知识建构的社会环境因素，"强纲领"因而也被冠以"利益理论"之名。如同对利益的理解之多元一样，"利益分析纲领"中的"利益"是一种模糊和多义的概念⑤，这也扩大了建构主义在进行利益相关者分析时的涵盖度。作为"利益分析纲领"的重要捍卫者，大卫·布鲁尔（David Bloor）反问道："各种利益始终必须得到解释，这一点难道不仍然是正确的吗"⑥？在他看来，忽视科

---

① MITCHELL A，WOOD D. Toward a Theory of Stakeholder Identification and Salience：Defining the Principle of Who and What Really Counts［J］. Academy of Management Review，1997（4）.

② 格根. 语境中的社会建构［M］. 郭慧玲，等译. 北京：中国人民大学出版社，2011：113.

③ 肯尼思·J·格根，玛丽·格根. 社会建构：进入对话［M］. 张学而，译. 上海：上海教育出版社，2019：23.

④ 曹南燕. 科学研究中利益冲突的本质与控制［J］. 清华大学学报（哲学社会科学版），2007（1）.

⑤ 刘保，肖峰. 社会建构主义：一种新的哲学范式［M］. 北京：中国社会科学出版社，2011：294.

⑥ 布鲁尔. 知识和社会意象［M］. 艾彦，译. 北京：东方出版社，2001：272.

学知识生成中利益群体关系或者否认这种影响的存在是非常隐蔽的，因为对科学共同体来说，“各种利益并不一定通过我们对它们的反思、对它们的选择，或者对它们的解释而发挥作用。有些时候，它们之中的某些利益只是使我们以某些方式思考和行动”①。但是在他看来，对有关各种利益的说明持反对意见实际上是出于对相关因果关系范畴的恐惧。②

若接受科学研究中利益群体的存在，那么接下来的问题就是：利益争夺对科学知识是否具有决定性，或者说科学知识的内容或科学实验的结论是否由利益争夺决定？这也是在“利益分析纲领”中被批评者们重点质疑的。③ 其一，“利益”成为无须说明的资源，但作为原因的利益也是行动者的建构物，这样就陷入“背景化循环”（backgrounding of circularity）；其二，把科学家从“理性傀儡”或“规范傀儡”变成了“利益傀儡”，未清晰说明利益在什么地方、什么时机以及怎样进入了特定的知识客体中；其三，未涉及科学家是否利用文化资源将其主张与“事实”联系起来，以及如何实现这种联系，亦未恰当说明实验、逻辑和实在在科学争论中的作用。④

建构主义似乎并不担心利益群体对利益的角逐会瓦解社会，因为虽然大多数的利益争夺、人类冲突源于制造意义的过程，但同样，建构过程也是解决争夺和冲突，避开谁对、谁错问题的关键，从而得以跨越冲突，去整合意义分歧——话语建构分析中更倾向于语言在其中的核心作用。⑤ 也正是基于这种愿景，建构主义主张各利益相关者要进行必要的、充分的对话，以寻找新的关系，促进新的合作，从而化解“不同

---

① 布鲁尔．知识和社会意象［M］．艾彦，译．北京：东方出版社，2001：273.
② 布鲁尔．知识和社会意象［M］．艾彦，译．北京：东方出版社，2001：273.
③ 刘保，肖峰．社会建构主义：一种新的哲学范式［M］．北京：中国社会科学出版社，2011：300.
④ 赵万里．科学的社会建构：科学知识社会学的理论与实践［M］．天津：天津人民出版社，2001：157-158.
⑤ 肯尼思·J·格根，玛丽·格根．社会建构：进入对话［M］．张学而，译．上海：上海教育出版社，2019：66.

意义之间的战争”①。

三、对建构主义的评述

通过对建构主义庞杂内容和主要体系的梳理得到了某些启发，我们既能够发现建构主义视角中的共享内容，如建构性的假设，也能够看到它们之间的差异，尤其是类型化的差异因素。在建构主义权威人物格根看来，作为元理论的、社会理论的以及社会实践的建构主义范畴分别发挥着重要的作用。② 元理论是关于理论的理论，它挑战了传统的本体论、知识论和方法论。在社会理论方面，建构主义体现出更多的突破性。③ 对关系、生成性以及互动过程的强调让人们更深刻反思社会生活的意义和可能。作为社会实践的建构主义更趋向于用转化问题的意识来寻求合作与共赢。类型分析为进一步探索建构主义视角提供了某些启发，以下三个方面值得关注。

其一，从与实践的关系角度可以把建构主义划分为新的两类：作为元理论的建构主义和作为实践分析的建构主义。可以说，作为元理论的建构主义是斗志昂扬的畅想和素描，像诗人一般为我们建构了美好的前景。它用共同体的眼光关注那些先在的可理解性（intelligibility），“我们生成着这个世界并且维持着它的存在”，这样的宣言似乎是最动听的诗词。世界并不是不需要这样的宣言，而是在需要它的同时能够让人们看到它的基础和可能。如果建构主义只倾向于心灵鸡汤的抒情，那么把它与社会学结合起来（譬如，作为社会学之后的某个阶段的研究或建设）或许更有意义，为建构主义找到某种较为坚实的根基后再阐发那种美好的愿景。纯粹的元问题话语对现实来说缺乏生成那些必要话语的

① 肯尼思·J·格根，玛丽·格根. 社会建构：进入对话［M］. 张学而，译. 上海：上海教育出版社，2019：67.

② 格根. 语境中的社会建构［M］. 郭慧玲，等译. 北京：中国人民大学出版社，2011：导言：2.

③ 许放明. 社会建构主义：渊源、理论与意义［J］. 上海交通大学学报（哲学社会科学版），2006（3）.

前提，这样，它的相对主义、激进主义内容实际上是缺乏实质意义的。格根关于建构主义的“真正本质在于不断重新建构而不是收集先前完成了的结构”① 的论断就显得过于浪漫。在过于浪漫的图景框架下，一般会隐藏着风险。

作为实践分析的建构主义包括社会理论维度和分析工具维度，或者说它应该涵盖格根所说的社会理论的建构主义和社会实践的建构主义两种范畴。致力于作为实践分析的建构主义强调关系性、过程性，突出现实如何基于文化和关系得以生成与维持，并将它们作为解释现象的一种有力工具。在采用建构主义视角时，许多研究更倾向于把它作为一种分析工具。在 J. 贝斯特（J. Best）看来，作为分析工具的建构主义应用于社会问题研究时具有显著的优势——一个问题的主张本身、主张的提出者以及主张的提出过程实际上都存在明显的建构性。主张本身的内容涉及：讨论的是什么，如何被类型化的，主张的修辞；在说服听众的方式等方面，科学式、喜剧式、市民式、法律精神式、戏剧式及亚文化式构成了主张本身的提出方式，以针对相应情形和观众进行匹配。在主张的提出者维度上应该考虑：提出者是否与特定组织、社会运动、职业或其他类型的利益团体有关，代表的是谁的利益？他们的经验如何？C. L. 维纳（C. L. Wiener）认为，社会问题的提出过程是一个基于对社会问题定义的复杂公共舞台，定义的过程相当于主张的提出过程，三个过程之间——问题动员、问题合法化和问题的展示——不断互动交叠而非前后相继。② 社会理论和社会实践的范畴也体现出社会学视野下建构主义的重要意义。③

---

① 格拉塞斯费尔德．激进建构主义［M］．李其龙，译．北京：北京师范大学出版社，2017：93.

② 汉尼根．环境社会学：第 2 版［M］．洪大用，等译．北京：中国人民大学出版社，2009：68-70.

③ 洪长安在其博士学位论文《环境问题的社会建构过程研究——以九曲河污染为例》中从四个方面归纳了社会学视野中社会建构论的本质意涵：强调社会现实的建构性和社会性、强调建构的关系性与过程性、话语是社会建构的重要媒介、方法上是一种共建的辩证法（见该论文 25-27 页）。

作为实践分析的建构主义是本文所选择的一种视角，关注事件的过程及涉及的关系，并利用建构主义分析工具探讨人与自然关系的建构需求以及这种关系对当地人与社会之间产生的影响。

其二，在建构主义中，对社会问题的研究有一种取向，这在《建构社会问题》一书中有集中展现。在建构主义者看来，社会问题是个人或群体做出的某些“制造宣称”（claims-making）的活动，这导致社会理论的核心关注就是要对这些宣称及对应的活动的形成、属性和维持提供解释。[①] 这种趋势在把建构主义作为分析工具的研究中较为常见，某类社会问题是如何生成、维持或改变的成为一种潮流，建构主义也因此吸引了更多目光。在中国学术界，从建构主义视角对水污染问题的相关研究已经引发了较多的关注。[②]

我们从小就只能而且必须接受这样的社会现实：社会现实结构不但极为复杂而且无法直接用重量、形状等测量尺度进行衡量，并将其视作理所当然的。以研究言语行为系统化理论而闻名的约翰·R. 塞尔（John R. Searle）基于这样的前提假设试图把他的建构方法扩展到社会事实（social facts），在《现实的社会建构》一书中，他强调社会建构的生物学和人类学基础，并展示了“社会建构的现实是如何可能的”。[③] 然而在休伯特·诺布劳奇（Hubert Knoblauch）看来，塞尔并没有遵循和展现社会被建构的过程，只是分析了一个已经被建构起来的社会[④]，仍没有离开社会作为一个被建构物本身的范畴：社会事实。塞尔在总结

---

① SPECTOR M，KITSUSE J I. Constructing Social Problems [M]. New York：Aldine de Gruyter，1987：75-76.

② 相关研究可参见陈阿江．环境污染如何转化为社会问题 [J]. 探索与争鸣，2019（8）；钟兴菊，罗世兴．接力式建构：环境问题的社会建构过程与逻辑：基于环境社会组织生态位视角分析 [J]. 中国地质大学学报（社会科学版），2021（1）；洪长安．环境问题的社会建构过程研究：以九曲河污染为例 [D]. 上海：上海大学，2010。

③ KNOBLAUCH H. Book Review：The Construction of Social Reality，John R. Searle [J]. American Journal of Sociology，1996（5）.

④ KNOBLAUCH H. Book Review：The Construction of Social Reality，John R. Searle [J]. American Journal of Sociology，1996（5）.

自己的研究时指出：

> 文化的特别之处在于它是集体意向性的表现，仅凭现象的纯粹物理特性并不能完成它对现象产生功能的集体作业。从美元到教堂，从足球比赛到民族国家，我们不断地遇到新的社会事实，这些事实超过了潜在的物理现实的物理特征。①

无论针对社会问题还是社会事实，建构主义都把核心关怀置于"人们做出的宣称活动"。建构主义者提出：关于社会问题的社会学研究就是要关注"这一过程（建构过程）和社会事实的产生机制"②。

伊恩·哈金列举了24类社会建构的研究对象，如权力、危险、事实、性别、疾病、知识、自然、夸克、技术系统、城市教育等。这些内容涉及历史学、社会学、哲学、文学等众多学科，他以英文字母为序排列出从权威（authority）到祖鲁民族主义（Zulu Nationalism）等60多个异质范畴。③

针对这些范畴，只凭"异常""功能障碍"和"结构性压力"等概念，无法进行有效回应，或者说只凭它们已经成为识别社会问题的"无效指南"，原因在于：这些概念无法解释一些情况如何成为社会问题，而另一些却没有。也正是基于此，赫伯特·布鲁默（Herbert Blumer）强调要研究一个社会如何逐步认识到社会问题的过程。④

以社会问题的生成为研究目标的建构主义研究主导了相关研究的主要探索维度，把社会问题的生成过程、生成机制作为核心的研究领域和最主要的关注方面。当然，相关的经验材料和建立在其上的建构研究也有力地支撑了阶段化、类型化的社会问题建构过程的解释理路。秉承现

① JOHN R. Searle. The Construction of Social Reality [M]. New York: Free Press, 1995: 228.

② 林聚任，等. 西方社会建构论思潮研究 [M]. 北京：社会科学文献出版社，2016：6.

③ HACKING I. The Social Construction of What? [M]. Cambridge, MA: Harvard University Press, 1999: 1-3.

④ BLUMER H. Social problems as collective behavior [J]. *Social Problems*, 1971 (3).

象学本体论的一个基本假设：社会现实是以解释过的事实（而非客观事实）呈现自身的，对社会现实的解释很大程度上就是在不断建构着新的社会现实①，社会问题建构研究遵循着“行动者在前，社会现实在后”或者“行动者的解释优先”的逻辑。关于对社会问题建构过程的分析，我们可以形象地把它形容成“社会问题生命周期分析”，它着重描绘一个社会问题的成长历史，譬如，划分为萌发、生成、发展、消失四个阶段或者发端、集结、制度化、削弱、消失五个阶段，其中，行动者作为建构的主体力量得到充分展现，社会问题形成一个封闭的生命循环。②

除了形成有益的启发之外，诸如此的社会问题建构主义研究取向也存在着一定的风险，譬如，行动者成了完全的持续主动者，在“社会问题生命周期”中，他们建构的社会现实对他们产生的影响并未受到足够重视，结合前文对建构主义困境的讨论，不难发现，这种取向过度强调了人的主观能动性，导致出现或过度强调唯我论而忽视社会作为一种网络或关系存在的意义——哪怕是建构主义者宣称的破碎的社会。如此一来，个体的关系、过程在某种程度上取代了群体的关系与过程，这与建构主义关于生成性、关系性的基本主张相悖。可以说，这种风险是一种可能动摇建构主义根基的风险，并且很难彻底解决。

作为建构主义权威的伯格和卢克曼在《现实的社会建构：知识社会学论纲》中对两者的关系做了系统的阐述。他们认为，社会现实与个人的历史存在之间的辩证法绝不是什么新的洞见，它早就被马克思极其有力地引入了当代社会思想之中，所以他们认为只有理解了马塞尔·莫斯所说的“总体性社会事实”（total social fact），社会学家才能同时避免唯社会学和唯心理学所带来的扭曲物化。③ 他们在总结中这样写道：

---

① 闫志刚．社会建构论：社会问题理论研究的一种新视角［J］．社会，2006（1）．

② 刘保，肖峰．社会建构主义：一种新的哲学范式［M］．北京：中国社会科学出版社，2011：249.

③ 伯格，卢克曼．现实的社会建构：知识社会学论纲［M］．吴肃然，译．北京：北京大学出版社，2019：232.

把分析结果整合进社会学理论体系的时候，必须认真而非客套地对待呈现在结构性数据之后的那些“人的因素”。要做出这种整合，就需要对结构性的现实和人类建构现实的历史事业之间的辩证关系进行一番系统的说明。①

在社会学家吉登斯看来，对人类社会要有一种“结构二重性”的理论关怀，要承认结构与人的能动性之间具有某种一体性，要看到结构的约束性与促动性并存的状态，也要看到行动者实践的意义。他指出：社会科学研究的基本领域是“在时空向度上得到有序安排的各种社会实践”，而不是个体行动者的经验，也不是任何形式的社会总体。② 基于吉登斯对“结构二重性”的阐释及相关启示，可以这样评价建构主义：建构主义关注结构化的生成性（社会问题）而轻视实践因结构而发生的变化及可能影响（行动者如何面对社会问题），这样的做法并没有多少高明之处，或者说这样做缺乏了“结构二重性”中应具备的一种理论关怀。

当社会现象、社会问题或社会事实被建构出来之后，同时在它们进一步的演变中追问其给群体行动甚至个体带来的影响不应成为建构主义，尤其是建构主义实践分析的无关领域或边缘领域；恰恰相反，出于对关系、过程性和生成性的关照，该领域作为结构与能动性的结合处于人类社会的中心区域，应作为建构主义的核心关照之一；它与作为“揭露”③ 分析的“如何建构”“建构产生的机制”是一个连续统一体，不应将其切割出去：行动者建构出社会问题，社会问题又同时影响群体与个体，而受到影响的群体与个体则又进一步推进了问题的建构……这

① 伯格，卢克曼．现实的社会建构：知识社会学论纲［M］．吴肃然，译．北京：北京大学出版社，2019：233-234.

② 吉登斯．社会的构成：结构化理论纲要［M］．李康，李猛，译．北京：中国人民大学出版社，2016：2.

③ 伊恩·哈金概括了建构观点的六个论题，其中一项指出：建构主义的主要目的在于“揭露”的分析，区别于那些主要目的在于驳斥或怀疑的分析。（林聚任，等．西方社会建构论思潮研究［M］．北京：社会科学文献出版社，2016：28.）

种循环是“社会问题生命周期”的一种内部机制。群体以及其中个体的困扰寓于这些过程和关系中，同时它又反映、呼应与影响着议题建构的走向。对“行动者在前，社会现实在后”或者“行动者的解释优先”逻辑应该进行必要的反思。

一种社会问题或一种范畴被建构出来之后，实际上它们既具有了延续性，通过代际或某种社会方式得到延续，从而对人们产生一定的影响，同时它们也具有了一定的变动性，即在特定的社会环境中，或者说结构性社会因素的影响下发生一定的变化。如果把人与自然的关系视作一种问题的话，那么从人与自然关系的角度来说，当人们通过某种移情化的文化方式实现了关系的建构，并接受了它的引导性和规范性，人们就会在它的影响下完成诸多选择和实践（理想状态下的）。同时，当外部社会结构因素对这种建构的关系产生某种挑战和冲击时，这种关系则可能会发生一些变动，至少人们在行动中对这种关系的规范和约束的执行会受到一定程度的影响。

其三，关于本土真理的问题。本土真理（local truths）是格根提出的一种表述[①]，他强调建构主义不相信普适性的真理——大写的“T”开头的那种真理（Truth），或者“先验真理”（Transcendental Truth），真理只存在于包容、合作取向下特定的历史与文化之中，也正是基于此，他明确主张“真理产生于共同体内部”[②]。本土真理的宣称既是格根激进建构主义的重要观点，也是建构主义所带有的相对主义倾向发展的一种必然结果。

总体来说，相对主义倾向在建构主义视角的研究中具有一定的普遍性，建构主义者并不否认这种倾向，并坚称它具有积极的意义。柯林斯自称为“狭义的”相对主义者，布鲁尔则强调自己是“方法论的”相

① 肯尼思·J·格根，玛丽·格根. 社会建构：进入对话［M］. 张学而，译. 上海：上海教育出版社，2019：96.

② 肯尼思·J·格根，玛丽·格根. 社会建构：进入对话［M］. 张学而，译. 上海：上海教育出版社，2019：17.

对主义者，拉图尔等具有人类学取向的学者则对“文化相对主义”的标签表示欢迎。[①] 爱丁堡学派的“强纲领主张”被认为是相对主义的典型。“强纲领”基于对科学知识的成因进行的分析，强调因果性、无偏见性、对称性、反身性等原则，其核心主张认为：所有的知识（包括自然科学知识）都处于社会的建构之中，知识是一定情境中人们协商的结果，特定的历史、情境中的不同群体会产生不同的观念并形成相关的知识，所以在对真理和谬误、理性与非理性、成功与失败等各类对立的范畴进行说明时，需要同样对待它们（等值说明）。[②] B. 巴恩斯、D. 布鲁尔在为相对主义辩护时应和了“强纲领”的信条：“所有信念，就它们可信性的原因而言，都是彼此平等的”，也就是说：“所有信念的影响，无一例外都需要经验研究，并且必须通过找出其可信性特有的、特殊的原因来加以说明。”[③]

以对文化的阐释而闻名的美国学者克利福德·格尔茨强调文化的相对性，在他的研究里，地方知识是文化相对性的核心所在和阐释的重要维度。可以认为，格尔茨对地方知识所持的观点是“本土真理”的一个突出代表。格尔茨强调，要从社会的片段与表演中看到社会是什么，“一场路边戏剧”或者“一份用行为写成的文本”的表述要好于把社会看作“复杂的机械”或“准有机体”的做法。[④] 这种相对化的社会观是他推进地方知识阐释的一个基本前提，并由此发展出两个美妙宣言。(1)“不深入理解他者的理解，不认真思考他者的思考，一厢情愿地规划宏图，越俎代庖地做价值判断，只能导致一个接着一个的失误，甚至导致灾难。”(2)“地方知识告诉我们：拥有美德的群体和个人，包容

① 刘保，肖峰．社会建构主义：一种新的哲学范式［M］．北京：中国社会科学出版社，2011：270.

② 刘保，肖峰．社会建构主义：一种新的哲学范式［M］．北京：中国社会科学出版社，2011：274.

③ 巴恩斯，布鲁尔．相对主义、理性主义和知识社会学［J］．鲁旭东，译．哲学译丛，2000（1）．

④ 格尔茨．地方知识：阐释人类学论文集［M］．杨德睿，译．北京：商务印书馆，2014：28.

他者的群体和个人，是最有尊严的群体和个人。”[①] 针对出现的质疑声音，格尔茨以对法律的分析提出一种地方知识互惠的观点进行回应。他说：

> 法律是地方知识，而非不受地方局限的通则；还有其他法律是社会生活的建构性元素，而非其反映；或者无论如何不单只是反映；这两项论点，导致了关于比较法研究应有内容的一种相当不正统的观点——它应该是文化的翻译。[②]

他认为，比较法学呈现出法律作为地方知识的重要性。在格尔茨看来，正是因为相对性的存在才让对话成为可能和重要的火种：“把各式各样的地方知识转变为它们彼此间的相互评注：以来自一种地方知识的启明，照亮另一种地方知识隐翳掉的部分。”[③] 基于此，他提出地方知识范畴下的方法问题：“把不可通约的世事观点以及记录经验、表述生活的不同方法，融汇成为相近的概念”[④]。

在一些建构主义者看来，他们所强调的相对主义并不是对人类社会中某些一体性或共识性的否定，所以，要把所谓的“相对主义”限定于实践分析的范畴，这才是解决争端的关键。在实践分析范畴内，反对相对主义失去了必要性，在 B. 巴恩斯、D. 布鲁尔等看来，相对主义为人类社会提供了更多的可能和空间，他们强调：“相对主义绝对不是对科学理解的一种威胁，恰恰相反，它是这种理解所需要的”[⑤]。经过长期的辩论，对建构主义中是不是有相对主义特征，以及相对主义是否具

---

① 两个宣言式话语出自格尔茨．地方知识：阐释人类学论文集［M］．杨德睿，译．北京：商务印书馆，2014：21。

② 格尔茨．地方知识：阐释人类学论文集［M］．杨德睿，译．北京：商务印书馆，2014：253.

③ 格尔茨．地方知识：阐释人类学论文集［M］．杨德睿，译．北京：商务印书馆，2014：270.

④ 格尔茨．地方知识：阐释人类学论文集［M］．杨德睿，译．北京：商务印书馆，2014：270.

⑤ 巴恩斯，布鲁尔．相对主义、理性主义和知识社会学［J］．鲁旭东，译．哲学译丛，2000（1）.

备相应的积极意义，这两个问题似乎已经被逐渐淡化，这种现象本身就暗示了建构主义关于关系的某些重要主张。

针对相对主义的风险问题，在经验研究中并未得到深入系统的阐释。在接受相对主义时，需要关注它自身的风险性，前文已经呈现了相对主义困境的三个主要方面：过度化的文化诠释、自我织茧的束缚以及对人类社会安全感的挑战。因此，在强调本土真理积极性的同时，无视、忽视以及边缘化人类社会某些共同的东西，或者人类社会结构性的存在及其影响，这是在运用本土真理方面面临的最严重威胁之一，这种威胁隐藏于具体的实践中，尤其值得警醒的是：要看到本土真理中的非真理性，或者说本土真理的无效性，甚至对本土社会产生的伤害。

四、对本书的启示

建构主义具有更为广阔的视野，更为灵活的方法，并把关系的建构作为一个基本出发点，它为我们理解社会现象，理解人与自然的关系提供了一种有益的视角。即使面对着种种质疑和批评，建构主义提供的思维方式的启示也不能被忽视或者无视。如果说在实践上面临着种种困境，那么在某种愿景上建构主义却是极为有益的。

建构主义真的是相对主义的，或者说在实践上表现得软弱无力吗？关于这一点，仍有值得进一步分析的必要，虽然建构主义在教育实践、治疗实践等诸多领域内做出了积极的尝试，但并未给出强有力的回复或回应。这就对继续在具体的实践中深入解读建构的发生与影响提出了学术性和实践性的需求。

建构主义进入环境研究领域是一个重要事件。建构主义并不否认自然的伟大力量，同时主张：自然产生作用的力度和方式也是受人类建构影响的。[①] 以约翰·汉尼根为代表的环境建构学派关注环境问题是如何

---

① 汉尼根．环境社会学：第2版［M］．洪大用，等译．北京：中国人民大学出版社，2009：32.

生成的。在一些建构主义者的眼中，虽然“自然、社会和环境的关系”值得关注，但他们更强调作为行动者之间的关系，强调社会公众对环境问题的参与和影响，基于此，汉尼根以建构主义的灵活性强调处理人与自然关系的一种突现模型。以此来说，环境领域的建构主义并没有把人与自然存在物之间的关系作为核心要素，或者说把它们之间的关系作为核心关系。根据建构主义的基本问题以及对创造性关系的提倡和强调，人与自然中其他存在物之间的关系是如何生成的，并不是理所应当地外在于建构主义之外。

可以说，已有的建构主义范畴和成果为研究者审视青藏高原上人与自然之间的关系提供了一种有益的视角。人类习以为常的思维方式把人在自然中的活动、人与自然相处的方式、人利用自然的方式等视作自然而然的，也是理所应当的，但很少有人反思人们对与自然之物关系的建构需求，以及这种需求和这种需求的满足情况对人们、对自然可能产生的影响。这一点，正是建构主义可以进一步拓展其意义的一个重要维度，本研究将尝试对此给出回应，并沿此理路进行研究探索。

第三章

青藏高原石文化

青藏高原本不是现在的样子。那里曾经被古海洋覆盖，名曰“特提斯”，时间大约从9亿年前的震旦纪至4千万年前。特提斯的发育可分为三个阶段，从空间分布上看，特提斯分为北区、中区和南区三个区域，分别对应三个发展阶段。从区域上来说，特提斯主洋盆的发育是逐步向南迁移的，这与亚洲大陆向南不断增生扩展是相一致的。①

青藏高原的地壳和岩石圈在横向与纵向上都是极不均匀的，地壳结构十分复杂，呈现出多圈层的结构特征，并且从地震波速度低速与高速层相间、低阻高导层与高阻低导层互层的情况来看，可以推断高原地壳是由软硬交替的岩石层组成的。② 青藏高原的隆起是地球上巨大的地质构造事件，这一事件使北半球的环境受到极大的影响，并且亚洲自然环境的演变历史与其有着极大的相关性。如果对青藏高原环境的形成与演化没有深入的了解，那么就无法科学解释东亚地理环境的分异以及演化趋势。有研究表明，青藏高原上的冰川、冻土、气候、湖泊水系以及植被等方面都发生了剧烈的变化。③

青藏高原蕴含着大量的矿产资源，种类在100种以上，如以铬为主

---

① 孙鸿烈．世界屋脊之谜：青藏高原形成演化环境变迁与生态系统的研究［M］．长沙：湖南科学技术出版社，1996：14-15.

② 孙鸿烈．世界屋脊之谜：青藏高原形成演化环境变迁与生态系统的研究［M］．长沙：湖南科学技术出版社，1996：20.

③ 孙鸿烈．世界屋脊之谜：青藏高原形成演化环境变迁与生态系统的研究［M］．长沙：湖南科学技术出版社，1996：48.

的黑色金属矿产，以铜、铅、锌、金等为主的有色及贵金属矿产，以钾盐、镁盐、硼为主的近代盐湖沉积矿产等。丰富的矿产资源主要来自多次的构造运动、各时代的沉积建造、火山活动、岩浆侵入、不同程度的变质作用和各种成矿运动。[1]

对青藏高原的世居者来说，那里的自然环境是他们必然要接受和面对的，大自然的任何赐予都是宝贵的，也是他们赖以生存的重要依靠。相应地，青藏高原带来的任何威胁挑战也都是他们要面对和处理的。基于此，青藏高原的世居者们极少会主动改变那里的环境，而更多是想办法去适应，也正因为如此，在青藏高原上就产生了保护自然、协调人与自然关系的各种宗教仪式活动。南文渊总结了藏族传统文化中协调人与自然关系的三种方式：向自然祈祷请求、请示与赎罪以及用多种方法控制和施加影响。[2] 在这三种方式中包含着大量对人与自然关系进行建构，并通过多种仪式来实现关系协调的内容，如节庆、祭祀、朝拜、磕长头、放生等。

南文渊认为，从藏族的自然哲学来说，其中包含着大量的宗教和神话的建构，并存在原始自然崇拜、苯教、佛教化苯教和藏传佛教并存的一种演变历程；在认识论和表达方式方面，也相应经历了从一元统一至二元对立，再到三元和谐的演变过程，即从认识、适应自然环境，到征服、改造自然环境，再到与自然相和谐。这样，人与自然的关系又进一步得到升华，使自然、神灵与人类融为一体，人类也与生态整体同生共长。他认为，这样的过程归纳起来实际上就是"从认识、适应自然环境到利用、改造自然环境，然后又回到与自然相协调、和谐的关系这样一个过程"[3]。无论这种观点是否真正反映了人与自然的关系，也无论

---

① 孙鸿烈．世界屋脊之谜：青藏高原形成演化环境变迁与生态系统的研究［M］．长沙：湖南科学技术出版社，1996：145-148.

② 南文渊．藏族传统文化中协调人与自然关系的几种方式［J］．青海民族学院学报，2001（3）.

③ 南文渊．藏族传统文化中协调人与自然关系的几种方式［J］．青海民族学院学报，2001（3）.

是否可以形成这种时间序列的关系，我们都不能否定：通过主动性、能动性的有效发挥，青藏高原的世居者们总是在积极地与自然相处。

第一节 石文化概况

本部分只是从一些主要方面展现人与石的关系，并未覆盖全部关系，不过，从对这些概况的展现与分析中，我们可以感受到青藏高原上人与石的关系的总体样貌以及这种样貌可能反映的人与自然之间的关系。

一、丧葬石文化

在古代青藏高原，尤其是苯教占据主导地位的时期，那里的丧葬盛行所谓的“剖尸”，然后再进行土葬。当然，能够享受到这样待遇的主要是一些特殊人群，譬如，有文献记载“贵人”“酋豪”以及“赞普”都有土葬的存在。青藏高原上的考古工作也证明了当时土葬是一种重要的丧葬形式。

佛教传入后，曾与苯教进行了长期的争斗，到藏传佛教的后宏期（约 12 世纪）才站稳脚跟。佛苯争斗的一个现实维度就是关于丧葬方式，苯教采用以人、动物进行殉葬的方式，杀死大量的动物进行祭祀。这样的方式不符合佛教不杀生而向善的教义。《大唐西域记》记载，佛教倡导三类主要的葬式：“一曰火葬，积薪焚燎；二曰水葬，沉流飘散；三曰野葬，弃林饲兽”。佛苯争斗的结局必然导致土葬的衰落和野葬的兴起。① 但是，正是历史上土葬的主导，形成了相应的与丧葬相关的石文化。

① 叶远飘．论青藏高原天葬的起源与演变轨迹：基于青海省玉树县巴塘乡的田野调查［J］．西藏大学学报（社会科学版），2013（4）．

在古代吐蕃，墓多为方形，一般存在用石块砌堆而成的平顶建筑，同时，墓地上还要竖起一些有特殊形状的石头——这些石头可能代表着某种“证明、见证”的意思——另外，还要把一些白石块交给誓词中的受益者。这些白石块会被那些“受益者”十分慎重地留存起来，以便将来用作造他自己坟墓的基石。①

藏王墓地中都存在一些重要的灵石，如墓碑、石龟、石狮等。霍巍在《青藏高原考古研究》一书中详细介绍了相关的内容。赤德松赞的石碑在穆日山陵区内，位于藏王墓地的最北部边缘。它们既是吐蕃王陵等级制度的体现，也是王权的重要象征，更是研究吐蕃时期社会文化制度的重要载体。该碑由碑帽、碑身、碑座组成，在形制风格上有仿唐式碑的痕迹。

碑身正面上端有一个太阳和一个月亮，分别位于两侧，图案形状与碑帽底部的日、月纹饰相似，图案下方是用古藏文书写的碑文。碑身的东、西两端上部有浮雕的龙腾图，共有两条龙，两龙相交，各龙头部有须、角，身体有鳞甲、脊毛等，碑身下部也有相应龙图，图案与上方的相似，姿势呈“S”形屈盘，碑身的近底部位置则雕有四条相互盘绕的蛇，口中吐信，形象凶恶，其身下为雕刻的莲花座。石碑之下为石龟碑座，头部微露，四脚内收，背上刻有六角形纹饰。

通过对石碑上纹饰图案的分析，我们会发现它们存在一定的不同文化元素相融合的痕迹。譬如，碑上的飞天图案，其母形应当是佛教艺术中的“犍达婆”或“紧那罗”乐歌之神，存在明显的受南亚一带佛教文化影响的痕迹。② 而日、月图案则反映出一定的自然崇拜倾向，月亮和太阳分别象征着自然界中的阴阳转换，并以此孕育着世间的万物。③

在意大利藏学家 G. 杜齐看来，石碑一旦被立在某地，就表明了一

① 林继富．灵性高原——西藏民间信仰源流［M］．武汉：华中师范大学出版社，2004：72.

② 霍巍．青藏高原考古研究［M］．北京：北京师范大学出版社，2016：112-114.

③ 霍巍．青藏高原考古研究［M］．北京：北京师范大学出版社，2016：114.

种所有权的确立，象征着国王的权威，也代表着一个法的宇宙被建立起来。这样，在地下运动的混乱世界，地祇和龙以及恶魔就被制服了，新秩序相应被建构出来。通过石碑，天国之路被打通，把象征着地下的权力和威严的龙刻在石碑上，表明了以石碑建立起来的神奇力量驯服了它们。①

实际上，吐蕃时期运用灵石的做法并不是特有的，而仿佛是一种被共享的文化，譬如，在中原区域的古代墓葬中，墓前、墓内都会有石碑、石刻人像、动物以及一些神话的怪兽形象等。在《封氏闻见记》中有记载："秦、汉以来，帝王陵前有石麒麟、石辟邪、石象、石马之属；人臣墓前有石羊、石虎、石人、石柱之属；皆所以表饰坟垄，如生前之仪卫耳。"② 秦汉之后有放置于墓室内的天然石块，这些石块一般多放于墓室四角，被定位于镇邪的"镇石"。宋人《重校正地理新书》卷 14 中就有"以五色石"镇墓的记载。③

即使是采用天葬的形式，也离不开石头。在一些灵石上面承载了许多寄托与期望，譬如，止贡天葬台一块巨石上"天狗"的脚印。关于止贡天葬台，有传说这样描绘其形成：由四位仙女采集天葬石，飞到了止贡提山上，跟随神女的四只神鹰停落在天葬石的四周，并变成了守护天葬台的灵石。④ 西藏阿里神山天葬台上有造型奇特的石板，周围有黑漆漆的石壁，也有人们用小石块垒砌的玛尼石堆，旁边摆着佛像并挂着随风飘动的经幡。人们对那里的石头，都有一种敬畏，有一种期望，走上去要小心翼翼。从中，我们可以感受到灵石对人们精神世界的影响。

二、石窟艺术

青藏高原存在大量的石窟和其他各类崖壁洞穴。通过查阅大量的历

---

① 霍巍．青藏高原考古研究［M］．北京：北京师范大学出版社，2016：118.
② 封演．封氏闻见记校注［M］．赵贞信，校注．北京：中华书局，2005：58.
③ 霍巍．青藏高原考古研究［M］．北京：北京师范大学出版社，2016：156.
④ 廖东凡．灵山圣境［M］．北京：中国藏学出版社，2007：144.

史文献，我们可以清晰地发现西藏的洞窟与人类生活之间存在着密切的关系。玄奘在《大唐西域记》中的“屈露多国条”中记载：“屈露多国……依岩据岭，石室相距，或罗汉所居，或仙人所止。”而《新唐书》也有这样的记载：“俱立……冬窟室。”较为丰富的文献记录表明：这些洞窟有悠久的历史，并已经较早地被青藏高原世居者们加工和利用。

整体来看，这些洞窟有一些共同的特征，它们能够较好地说明青藏高原上居住群体的智慧，其主要特征可概括如下。

第一，依托山体崖壁。无论洞窟大小或集中程度如何，它们大多是开凿于崖壁之上的，只不过有的洞窟异常险峻，有些则稍为平缓，但是都具有一定的安全防护作用，既可以防野兽袭击，也可以居高临下对抗入侵之敌。

第二，与河流水源接近。水为人们的生存、生活和活动提供了基本保障。由于环境恶劣加之交通不便，水在青藏高原农牧区的生活中显得更加宝贵。大多数洞窟的前面或者附近都有或大或小的河流，譬如，阿里扎西县的洞窟多临近孔雀河或其某些支流，可以说，孔雀河是扎西县洞窟大量存在的前提条件之一。

第三，附近有相对平缓的谷地。以扎西县为例，农牧业相结合是扎西地方生活的一个重要特色。由于位于喜马拉雅山谷带中，又有河流冲刷，所以在扎西县境内形成了一定的平缓谷地，那里水土涵养较好，为农牧业提供了较好的条件，扎西先民也因此得以在周边聚集，洞窟也较多。

第四，附近多有宗教寺庙。古宫寺、贤柏林寺、科迦寺、西德贡巴等是扎西县境内的一些重要寺院，它们与分布在扎西县境内的洞窟之间路途并不远，并保持着一定的道路交通，譬如，老扎西县城孔雀河沿岸洞窟、贤柏林寺下方原边贸市场附近洞窟距古宫寺较近，两者距贤柏林寺也较近。这种布局主要与当地曾经浓郁的宗教文化有关。

第五，位置背风且向阳。崖壁可以阻挡寒冷空气的袭击，同时，洞窟开口处多具有获取阳光的便利，这样可以通过太阳光保持洞内的卫生和干爽，也能提升洞内的温度。

根据笔者调查，扎西县的各类洞窟分布广泛，多寡不均，但也呈现出某些集中性，主要分布在几个重要区域，其中老扎西县城孔雀河沿岸、贤柏林寺下方原边贸市场附近、现扎西县城边贸市场后方以及去往章杰沟村组沿河一带分布较多。

表 3-1 扎西县洞窟分布

序号	分布区域	特征	获取方式
1	老扎西县城孔雀河沿岸	较为分散，几十窟	调查
2	贤柏林寺下方原边贸市场附近	较为集中，几十窟	调查
3	现扎西县城边贸市场后方	十分集中，上百窟	调查
4	去往章杰沟村组沿河一带	较为集中，近百窟	调查
5	科迦村西北几千米外山体周边	较为集中，几十窟	文献记载
6	近多油村河道边崖壁周边	较为分散，十多窟	调查

石窟又与艺术保存有着密切的关系。在西藏西部地区，中国考古学者发现了一批佛教石窟寺美术的遗存。札达县东嘎乡境内的皮央·东嘎石窟现存有近千座石窟，这些石窟规模宏大，大约形成于 11—17 世纪，包括有礼佛窟、禅窟、僧房窟、仓库窟与厨房窟等不同类型。多座礼佛窟中绘制有精美的壁画，并得到较好保存。内容题材涉及佛、菩萨、比丘、飞天、佛传故事、说法图、礼佛图、各种密教曼荼罗，以及动物、植物和其他各种图案，这些绘画艺术展现了西藏西部佛教艺术浓郁的特色。

吉日石窟、夏沟石窟、卡俄普与西林衮石窟等也具有一定的代表性。吉日石窟位于札达县札不让乡境内，约有 50 窟，其中的大多数是修行洞窟，在洞窟中也发现了一些残存的壁画。夏沟石窟位于皮央·东嘎遗址以东约 1500 米处。夏沟石窟主要集中于山崖北面的峭壁上，共有 9 座洞窟，使用年代约为 11 世纪，有的石窟内绘有壁画，壁画内容涉及六道轮回图、千佛图、供养人像等。卡俄普与西林衮石窟位于札达县香孜乡境内，卡俄普石窟共有 20 余座，有的石窟内绘有密教曼荼罗壁画，也有灵塔窟，在附近还有绘有晚期护法神像壁画的洞窟。西林衮石窟共有 4 座洞窟，其中 2 座洞窟内有壁画遗存。①

图 3-1　扎西县去往章杰沟村组崖壁上的洞窟（摄影：赵国栋）

图 3-2　扎西县贤柏林寺下方的洞窟（摄影：赵国栋）

① 霍巍．青藏高原考古研究［M］．北京：北京师范大学出版社，2016：355-361.

扎西县的石窟寺，洞窟最有名的是古宫寺，也称“贡布日寺”。该寺位于扎西县老城马甲藏布河的北岸崖壁上，高出河岸约30米，洞外搭有栈桥，沿山坡也有阶梯小路。古宫寺修建于12世纪末至13世纪初，据传为朗德贡修建，此人为扎西地方第十二代王。该寺内有杜康、住持卧室“申夏”、甘珠尔拉康、修行室等洞窟。

另外，扎西县还有柏林洞窟群。该洞窟群位于赤德村内，赤德河下游北岸的断崖山根处，数量有几十座。20世纪60年代，那里仍是一些赤德村民居住和生活的场所。

三、日常生活与石文化

不能轻易移动石头的位置，甚至草场、农田中的各类石头（包括那些被认为影响牧草生长、田地耕作的小石子）也是如此，这是青藏高原居住者一个共同的习俗。这种习俗在扎西乡同样被一定程度地保留了下来，扎西人口中所说的：“让那些原状留在原地，是最好的选择”也就是这个意思。为什么会形成这样的文化现象呢？这种观念和行为有着深刻的人与自然生态相协调的重要意义。

在扎西人看来，这些石头是可以保护草场和土地的，因为石头与土地之间有一种关系。石头可以保养土地中的水分，也可以在暴雨和暴雪中保护土地，散落在草场上的石头也可以保护草的种子，可以调节草场中的各种情况，等等。关于这一点，曾仁利在他的博士学位论文中也有较好地呈现。他的博士学位论文以西藏中部区域的扎西林村为田野。那里的人们说：如果捡走了地里的石头，那么“土明都了，水明都了，庄稼也就明都了”[①]。人们认为，土里有石头，可以减少土地丢失水分，“一块石头下面就是一个小泉”，意思是水分遇到石头会冷却重新回到土里。[②]

① “明都”是藏语，意思是没有。

② 曾仁利．西藏中部农村生产与生活的生态文化研究［D］．成都：西南民族大学，2018.

藏族群众有转神山的习俗，转的过程甚至内容也与石头有关。转山一般分为内圈和外圈两种，人们认为，只有转完外部的十三圈，才有资格转内圈。每转到一些山口处时，转山者会在那里挂上一些经幡，进行某种祭山的仪式，并高呼“索，索，拉索罗”（意为“祭神”）。此时，人们还要在这些地方捡一些小石子。捡的时候要遵循着规矩：每次只能捡一粒，并且以白色的为好。这些石子主要用来计算转山的圈数。在完成转山之后，这些石子就具有了某些力量。那些不能去转山或者未到达山顶、未完成转山的人，可以用钱迎请这样的石子，并将其保留下来，通过这样做，自己就具有了转山的功德。①

许多传统的体育活动中也有石头的身影。在扎西县和扎西乡就有传统的抱石体育项目，也有掷石项目。掷石要求的是力量和准确性，以石击中目标为胜。“乌恰”（也称“乌朵”）是牧民在放牧过程中使用的一种放牧辅助工具，平时就挂在腰间。它是用羊毛编织的一种形似鞭子的东西，整体呈带状，长约1.5米，两端细，一端有套圈，中间有宽约4厘米的“乌梯”用来包裹石头，以此把石子飞掷出去。用这种方式，牧民可以驱赶、引导牛羊群的活动，也可以用来驱赶野兽，减少野兽对牲畜群的袭击。在指挥羊群时，石子一般要掷到羊群的前方，这样做是为了控制、引导羊群行进的方向，也有的把石子打到地上，再通过反弹击打羊的身体，这样做是为了警告个别羊和整个羊群，起到管理羊群秩序的目的。

最初，乌恰也被用于战争之中。在民族英雄史诗《格萨尔》中，“乌恰”是一种威力巨大的武器，可以置人于死地。这在《霍岭大战》和《门岭大战》等篇章中都有相关的描述。而且，也可以用“乌恰”进行占卜，被称为“抛石绳卦”，有一条占卜写道：先举行宗教仪式，然后由僧人用“乌恰”打出一块石头，在石块所到达的地方找到泉水。②

在青海省藏族传统聚居区域内，有一种叫作“庄窠”的传统民居，

---

① 才让．藏传佛教信仰与民俗［M］．北京：民族出版社，1999：80.

② 韩旦春．藏族游牧民的乌恰之文化源流及特征［J］．北京印刷学院学报，2015（1）.

也被称作“庄郭”。“庄窠”整体呈正方形，在一边或两边盖房，每户一院。在一个院子中，若在北面和东面建房，则北为正房，多由老人居住，东为配房，多由儿子和儿媳居住。若在西面和北面建房，则西为正房，北为配房。在建造时，正房要比配房高出一些。“庄窠”的墙体由黑土夯打而成，高约 2 米，然后再砌 1 米左右的梢墙，在墙的半腰处用白色的卵石镶嵌出吉祥八宝的图案，并在墙的四角处放置一些白色的卵石。① 这些白色的卵石此时就被赋予了吉祥的寓意。

扎西县的科迦村有一种“孔雀飞天服”，也称为“宣服”，或“宣切”。这种服饰由头饰部分、衣服披袍部分、珠宝缀饰三部分构成。这种服饰是当地人世代相传的，并由每一代人不断向服饰上添加珠宝，这些珠宝包括：天珠、珊瑚、密蜡、绿松石等。服饰上以宝石点缀的地方有：月牙状头饰（藏语称“嘎琼”）、珊瑚脖围（藏语称“秋”）以及同为月牙状的肩饰（藏语称“嘎蕾”），还有一些珠宝玉石要直接挂在胸前。② 在当地人看来，这些珠宝都是不可取代的灵石。不断向飞天服上增加这些灵石是每一代人每一个家庭成员的职责。

在邱桑寺的主佛殿中，保存着五世达赖时期的天然石头佛像，该石佛像被认为是邱桑寺的镇寺之宝。在“文革”时期曾经一度丢失，但后来又回到寺院。③ 青藏高原上的许多寺庙生活也与石头有着一定的关系。笔者调研过西藏阿里地区的许多寺院，在那些寺院中都有一些石头，这些石头被放在很显眼的地方。2019 年，笔者在日喀则仲巴县的扎东寺调查时，发现在寺门口摆放着五六个巨大的圆形石头，每一块都有几吨重。寺庙中的僧人说，这些石头看上去很奇特，有的则明确说这些石头的形状如同恐龙蛋一样。正是因为这种特殊性，所以僧人们想办法从野外把这些石头运了回来。在该寺的经堂中，有一张藏式小桌子，

---

① 丹珠昂奔，周润年，莫福山，等．藏族大辞典［M］．兰州：甘肃人民出版社，2003：1047.

② 赵国栋．西藏普兰飞天服：一种符号分析的视角［J］．西藏民族大学学报（哲学社会科学版），2022（1）．

③ 廖东凡．灵山圣境［M］．北京：中国藏学出版社，2007：67-68.

上面摆放着两块椭圆形的石头，石头上面用酥油涂抹得十分光滑。该寺中有一个“寺庙书屋”，在书屋的台阶上，也摆放着各种各样的灵石，以白色的居多。

图 3-3　扎东寺经堂中摆放的石头（摄影：赵国栋）

图 3-4　扎东寺内摆放的各类石头（摄影：赵国栋）

著名的哲蚌寺中有早、中、晚三次诵经祈祷活动。早上要进行早祷，全体僧人跟随“翁则”（领经师）一起诵念经文，然后喝下第一碗酥油茶，“因为大殿聚音效果很好，喝茶声和祈祷声，都很有气势，像河水汹涌澎湃”。中午时分，僧人们再次聚在经堂中进行“扎恰”（意为“僧院茶会”），边喝茶，边祈祷。晚祷在一种按地域划分的“康村”进行，称为“康恰”（意为“康村茶会”）。在进行“康恰”时，需要敲击石头进行召集。这种用来敲击的石头叫作“多底”。“多底”是西藏特有的一种石头，敲击时可以产生金属般的声音。在哲蚌寺中，凡举行盛大的宗教活动时，必须用到这种能够产生美妙声音的石头。①

灵石与药物也有着密切的联系。据记载，五世达赖的晚年为了普救众生性命，派人收集各类稀世宝石以及历代学者特制的珍宝药品，作为原料创制出仁钦章皎大黑丸、査皎丸、动物宝达日玛丸等多种药物，医治患者，广行善业。② 在藏医药名著《晶珠本草》中，共记载了2294种药材，除去同物异名和派生等原因造成的一药多名外，实有药物1220多种，共分十三大类，其中包括珍宝类、石类、土类、汁液精华类等。③

在对许多疾病的诊治中，灵石元素都获得了高度的重视。据藏医药名著《四部医典》记载，在治疗眼障症④的手术中，要先让患者于清晨在僻静的地方，向着太阳席地而坐，助手站在患者背面，帮助患者处于静止状态，另一助手双手握石块，“站在不能分辨合在一起的两石距离处”，使两石相碰，让患者注意观看，并由此做出诊断。⑤

诊疗牙病时也会用到石头。藏医学中主要把牙病划分为三类，分别为牙病、虫牙和牙痛、牙龈，各自的病因主要来自隆、赤巴和培根三邪。针对这些牙病，可用海螺驱虫法治疗：在锅中盛满水，水中放一个支架，上面搁置石片，将烧红的白石英置于石上，然后把《秘诀部》

---

① 廖东凡．灵山圣境［M］．北京：中国藏学出版社，2007：30.
② 土旦次仁．中国医学百科全书·藏医学［M］．上海：上海科学技术出版社，1999：5.
③ 土旦次仁．中国医学百科全书·藏医学［M］．上海：上海科学技术出版社，1999：12.
④ 眼障症是角膜及瞳仁上产生各种翳障，眼睛视物不清或失明的一种眼病。（土旦次仁．中国医学百科全书·藏医学［M］．上海：上海科学技术出版社，1999：130.）
⑤ 土旦次仁．中国医学百科全书·藏医学［M］．上海：上海科学技术出版社，1999：130.

中所说的四味獐牙菜散、四味马尿泡撒于白石英上，再用吸管吸烟熏治患牙，牙虫就会掉入水中。①

在藏医药中，许多类宝石都具有医药功能。松石（音为“瑜”）具有解热毒、清肝热的功能，可用于治疗肝中毒、肝热和眼病等疾病。珊瑚（音为“许如”）具有清热解毒、活血通络的功能，主要用于治疗脑疾、脉热、毒热和肝热等症。青金石（音为“汞敏”）具有清热解毒、敛黄水的功能，可用于治疗中毒、瘤症、黄水病、麻风病和瘙痒等症。玛瑙（音为“琼”）具有凉血明目的功能，可以治疗脑出血、卒中（中风）以及头部刺痛和眼病等。海蓝宝石（音为“琼久”）主要用于中毒症、脑出血、卒中以及肝热病等症的治疗。蛇菊石（音为“曼孜拉”）具有清骨中之热的功能，主要用于治疗骨热病。钟乳石（音为“巴奴”）具有活血化瘀、舒筋活络的功能，主要用于治疗大筋病、肌腱损伤等症。②

四、精神活动与石文化

在青藏高原世居群体的精神活动中，我们也能发现灵石的身影。在与宗教有着密切关联的传统招魂活动中，要使用各种各样的法器，还要配合诵读相应的咒语，这样才构成完整的仪式。“招魂歌”属于语言性仪式的一部分或一类，一般不能缺少。有一则招魂歌这样唱道：

东方恶魔凶魂不能抓到魂，西方恶魔凶魂不能抓到魂。

南方恶魔凶魂不能抓到魂，北方恶魔凶魂不能抓到魂。

魂石不能上天去，魂石不能入地里。

---

① 土旦次仁．中国医学百科全书·藏医学［M］．上海：上海科学技术出版社，1999：133.

② 土旦次仁．中国医学百科全书·藏医学［M］．上海：上海科学技术出版社，1999：195-198.

魂主我这里有衣食，魂依神箭在这里。①

招魂歌中所说的“魂石”，被视为一种灵魂的承载物，它代表着灵魂的存在，魂石的去向也就代表着灵魂的去向。

为了更好地掌握灵魂的去向，并进行预测和掌控，人们还用石头进行卜卦，形成特有的“石卜”文化。黑色和白色的两色石子都是卜卦不能缺少的，因此这种“石卜”也被称为“黑白石子占卜”。一般地，黑白石子要各选 7 个，有时也可以各用 13 个。占卜时，把两种颜色的石子全部混在一起，在容器内摇动一会儿，占卜师要同时闭着眼念诵祈语，随后把石子倒在桌子上，并从倒出的所有石子中随机拿出五个排成一行，再根据排列石子颜色的分布情况，查阅占卜书以定吉凶。② 整体来说，白色石头在青藏高原世居者中多具有特殊的意义，其原因可能与白色石头在人们精神活动中的重要作用和地位有着密切的关系，后文对此有专门的介绍。

在扎西县的西德村保存着一块“观音碑”。该石碑整体呈方柱形，地上部分高 120 厘米，宽 50 厘米，厚 20 厘米，据考证，立该碑的时间应为吐蕃时期。碑身正面为凸雕观世音立像，两侧阴刻藏文，左侧 24 行，右侧 19 行。左侧译文为：“于马年秋季初，森格（狮子）大祥（尚）赞扎贡布愿于无垠从生共存，在石碑凸刻圣者观世音菩萨大自在之佛像，施舍善根福照众生。”右侧译文为：“向圣者观世音大自在之盛意致意，忏悔一切罪业，随一切福泽，不为愚者和遮蔽所知之事，福泽和智慧于众生一切圆满，愿吾大祥（尚）赞扎贡布与无垠的一切众生一同往无上正等菩提。”

著名藏学家陈庆英先生认为，立碑人可能是当时阿里某一部落的官员，“森格”可能是当时的一种贵族的“族号”。对碑文的内容以及其

① 林继富．灵性高原——西藏民间信仰源流［M］．武汉：华中师范大学出版社，2004：277.

② 林继富．灵性高原——西藏民间信仰源流［M］．武汉：华中师范大学出版社，2004：374.

图 3-5　被认为有神奇功能的经脉石（摄影：赵国栋）

他相关方面还有许多问题有待进一步解读，如立碑人到底是谁，身份到底是什么，等等。不过，无论如何解读，这一块石碑都表明了立碑者以及他所代表的群体的某种精神取向或者精神活动，并以此石碑展现出来，表达了某种期望与寄托。该石碑被扎西县人视作宝物，作为一种当地的灵石精心保管和守护着。2019 年，笔者在那里调查时，特意去参观了该石碑。当时它被存放在一个专门的小屋中，屋门紧锁，并由专人保管钥匙。要想参观石碑，要有特定的介绍人才可以。①

灵塔是藏传佛教文化的一个重要符号。活佛的灵塔一般都建筑精美，所用材料有各类珍宝以及金、银等，譬如，在扎西县科迦寺内主殿之侧的几尊灵塔，上面都镶嵌着大量的宝石。在布达拉宫内的五世达赖喇嘛和十三世达赖喇嘛的灵塔，不但非常宏伟，高 14 米左右，而且极度奢华，前者用金 11 万两，后者用金更是达到 14 万两。两座灵塔上都镶有钻石、红宝石、松耳石、珍珠等。② 灵塔被视为活佛精神的化身，承载着人们对前世、今生以及来世的某些期望。

---

① 西藏自治区阿里地区扎西县地方志编纂委员会．扎西县志［M］．成都：巴蜀书社，2011：468.

② 才让．藏传佛教信仰与民俗［M］．北京：民族出版社，1999：225.

玛尼石是一种典型的灵石。据藏文史籍《贤者喜宴》记载：松赞干布的重臣琼普邦桑孜死后，人们在其墓上专门竖起了一块白色的石头。自此以后，在墓前竖起一块石头，尤其是白色石头的传统就流传了下来。在一些农业聚居区域或存在农业耕种的地方，在耕种开始之前，人们要先在田地的中央放上一块白色的石头，并在这块石头的四周撒下种子，再向此石祈祷风调雨顺、五谷丰登。林继富认为，玛尼石文化中非常关注白色石的神力，这除了有某些“灵石”原始信仰的原因之外，还可能与白色在藏族文化中重要的审美意义相关，譬如，在藏族传说中，居住在雪山的吉祥长寿女文化中，长寿女一面三眼，全身皆白，并骑着一头白狮子。[①] 关于白石文化，后文中会有专门的介绍。

在青藏高原的许多地方，人们会在山口、湖边、寺院周边、村边以及一些重要的景观处摆放玛尼石堆，使用的石子多是从附近捡来的，石子有大有小，形状各异，要从底向上一点点、一层层垒起来。这种做法普遍存在于西藏各地，形成的玛尼石堆的形状有方形的和圆台形的(山丘形)。在离生活区不太远的山顶或山口处，人们会堆起玛尼石堆，然后在上面插上一些树枝或木棒，在具备条件的地方也有的会挂上一些风马旗，让旗子随风飘舞。在向神山、圣湖祈祷时，一般也要摆放一些石子。在玛尼石堆上或旁边放一些牦牛角或整个牦牛头，这种做法也广泛存在。[②] 这样做可以使人们向天地积下功德，进一步凸显祈祷的虔诚。

创世的玛尼堆神话在青藏高原影响颇广，在这样的神话中，玛尼堆被说成是须弥山，在山的四周分别有四种动物围绕和保护，这四种动物分别是：东部为白狮，南部为蓝龙，西部为虎，北部为野牦牛。这四种

---

① 林继富．灵性高原——西藏民间信仰源流［M］．武汉：华中师范大学出版社，2004：74.

② 林继富．灵性高原——西藏民间信仰源流［M］．武汉：华中师范大学出版社，2004：72.

动物图案也是风马旗图案的重要组成部分，分别位于风马旗的四角。[①]

神山崇拜与石文化有着密切的关系，可以这样形容：神山崇拜有助于石文化的形成与传播，同时石文化也会强化神山崇拜的集体记忆。青藏高原世居者中流传着天人生灵合一的生态伦理，在这种生态伦理之下，人们不能无故杀生，甚至山、水、草木、石等也被赋予了特定的生命伦理和相应的价值性，尊重这些生命及其价值是人们思想和行动的一条重要原则。创世哥《斯巴宰牛歌》就生动地描绘了牛的不同部位变幻成山川、草木的情况。而且，神山都是有七情六欲的，有家庭和爱情。[②]

与这样的情况相对应，许多人认为那里的山是有山神的，这些山神以及他们所守护的山也是有血有肉的，譬如，骨骼是岩石，肌肤是土地，森林和青草构成毛发。这样的观念深深影响着人们的日常生活和行为方式，在山上，尤其是神山上挖土和建筑，以及牛羊私自上山偷吃草，这样都是不对的，是要受到惩罚的。

著名的"神山"冈仁波齐就位于扎西县境内。"冈仁波齐"在藏语中的意思为"宝贝雪山"，而在梵语中则意为"湿婆的天堂"，在印度神话中是"神的天堂"。在青藏高原广阔的区域里，冈仁波齐可以称作"信奉者眼中最有名的神山"。据说，冈仁波齐山峰四周的巨石上各有一个脚印，被称为"底斯不动四钉"。从山顶到山脚有一道深深的沟痕，传说是纳若奔琼与米拉日巴斗法时其坐骑滚落山下时留下的痕迹。那里的山洞是两人斗法后，纳若奔琼要求米拉日巴为自己留的一席之地。在山下有一间石头房子，房顶上有一块巨石，巨石上印有一个大"手印"，据说是米拉日巴在斗法时所留。在神山山腰处还有一块巨大的淡红色的岩石，边缘呈齿状，在齿的内缘有凹进去的沟槽，似乎把平

---

① 林继富．灵性高原——西藏民间信仰源流［M］．武汉：华中师范大学出版社，2004：73.

② 林继富．灵性高原——西藏民间信仰源流［M］．武汉：华中师范大学出版社，2004：94.

岩与雪峰分隔开了。在印度神话中，这条沟槽与印度教主神湿婆的一条大蛇有关。另外，在神山的北面有上大下小的似叠放在一起的石头，据传说，这些石头的形成也与神山斗法有关。①

在转神山的路上有一块巨石，其形状如同一个妇女托腮沉思。据扎西人说，这块巨石与一位转神山的妇女有关。当时这位妇女背着孩子转神山，在路过一处水湾时，背上的孩子落入湖水中，她未能把孩子救起，于是她就不停地转山，转到第13圈时，那湾湖水的一侧出现了一条小路，她踏上小路后便飞升上天，同时留下了这块似沉思的巨石。那条小路也就成了转神山的另一条路——内圈路，只有按常规的路线转完13圈之后，才可以转这条小路，此路被称为“康卓松朗”。

在转神山的路上还有一块石头与格萨尔有关。英雄史诗《格萨尔》广泛流传在青藏高原上，也是最受人们欢迎的故事之一。格萨尔是扎西县当地人的英雄。在转山路上，在一块石头上有一个形似马蹄的石窝。扎西人说，这个石窝就是格萨尔骑着马从这里走过时留下的。这个故事在扎西县广泛流传，以至于凡是去转山的人都会通过各种各样的渠道听到这个故事。去那里观看、参拜并献上经幡的人总是络绎不绝。扎西人相信，这样会对自己和家人有好处，能够从中获得某种力量，保佑平安吉祥。

在转山过程中，人们也会钻过一个石洞，据说此洞可以检验善行与恶行，人若能从洞中钻过，就可以洗尽一生的罪孽。与此相类似的故事在扎西县不止一个。在一处“遗犬洞”中，人若是可以钻过，就可以洗尽罪孽；若钻不过，则要再去积功德赎罪。可以发现，人与石之间的联系是由人们根据神话故事、自我想象和生活经验建构出来的，由此形成一种人与自然之间的纽带，人们的言行举止也因此与自然之物相关联。

---

① 西藏自治区阿里地区扎西县地方志编纂委员会．扎西县志［M］．成都：巴蜀书社，2011：401.

图 3-6 神山上马蹄印一（摄影：周文强）

图 3-7 神山上马蹄印二（摄影：周文强）

在扎西乡有人从事这样一种工作：专门在石头上进行雕刻。他们常被称为“玛尼石的雕刻者”。在他们身上似乎有一种神秘气息。有一次，笔者在乡政府附近的一座白塔处遇到了一位雕刻者。他骑着一辆摩托车，独自一人来到白塔的玛尼石堆旁，并在那里工作了近 4 个小时。他说，有时是有人请他去雕刻的，会给一些费用，不过多数时候是他自己主动去雕刻的。他有时候到白塔边雕刻一些石头，有时候也会去圣湖边雕刻一些石头。在玛旁雍错圣湖边，有许多光滑洁白的石头上的字都是他雕刻的。那些字以六字真言为主，也有一些经文，还有一些祝福语之类的。他在选择时，主要选择那些白色的表面光滑的石头。他说自己也在最美丽的几块玉石上刻了字。凡是他刻上字的石头，他都留在原地。他说，在上面雕刻上经文，就会留下自己的东西和功德，留下人们的期盼和祝福。

五、寺院石文化

在与寺院有关的传说故事中，常常有石文化的元素。纳塘寺位于日喀则市的曲美乡纳塘村，因建筑之地似大象的鼻子而得名。该寺是噶当派的著名寺院，也是西藏寺院中雕印佛经、幡旗的重要寺院。纳塘寺作为噶当派的发源地之一，是众多高僧大师的受戒、修行之地，寺内也保存了大量的雕刻和壁画艺术。据记载，1043 年，阿底峡大师从阿里出发经过该地休息时，让弟子去探看如大象鼻子一样的山坡上的情况，弟子回来这样禀报：山坡上的大石头上有 16 只蜜蜂。大师说，那是 16 位觉悟者的修习菩萨仪轨，并预言那里会诞生一座非常大的寺院。1153 年，98 岁的顿敦巴和几位比丘一起在那里修建了一间小房屋讲法，并以此为基础逐步形成了纳塘寺。①

据《娘氏宗教源流》② 记载，位于日喀则江孜县的热龙乡的热隆圣地，创建之时与灵石有着密切的关系。阿底峡的徒弟玉雀王、章松、图贝三兄弟在可里山上创建木尔寺时，听说在东面的山上有一只绵羊被牧人宰割，后来羊奶流淌过一块石头，此石因此而被羊奶温热。他们去实地查看，发现石头上确实有天然生成的凹陷，这时恰巧大成就者林热巴到此地，他们就把这块灵石送给了林热巴。此石被视为绵羊化身，所以当地也被称为“热隆”。后来，藏巴加热依据林热·白玛多杰的授记建造了竹热隆拉章。《竹巴教法史》中记载“依大成就者林热巴的预言而

---

① 仲布·次仁多杰．十至十二世纪西藏寺庙［M］．拉萨：西藏人民出版社，2009：71.

② 《娘氏宗教源流》原名《教法源流花蕊蜂蜜》，藏族古代史籍之一。娘·尼玛欧色（1124—1192）著，成书年代不明，以手抄本传世。全文共分 3 章 8 节（丹珠昂奔，周润年，莫福山，等．藏族大辞典［M］．兰州：甘肃人民出版社，2003：560.）。

创建热隆寺”。①

达玛森康寺位于山南措美县措美镇恰麦村南侧的山腰上，原为宁玛派的寺院，后改宗为噶举派。12 世纪，娘热 · 尼玛维色创建了该寺。达玛森康寺四面环山，并且每座山都各具特点，因此被认为是“俱十善之地”。据传说，寺主娘热巴等人曾在岩石上修炼魂星，并成功地炼出了一个天生的金石和三个青铜桩。此后每年的藏历十一月，达玛森康寺中就会举行修炼魂星的仪式，一直要持续七天，目的是为众百姓消病去灾。刻有藏文“俺阿宏”的奇石被供奉在达玛森康寺中，据说该奇石与娘热巴骨面上天生的藏文“阿”有关。达玛森康寺中还有大量以玉石和珊瑚装饰的三世佛的塑像。②

位于山南泽当镇的丹萨梯寺由帕木竹巴 · 多吉杰布于 1158 年创建，该寺以周围环境之独特而闻名。丹萨梯寺的右侧有类似于佛教中叙述的胜乐宫殿的各类岩石，左边则有类似于观世音宫殿的各类岩石环绕，寺后有类似于 21 位度母和 16 罗汉的各类奇石。丹萨梯寺后面是柏树茂密的山峦，前面则是流淌而过的雅鲁藏布江，可以说风景绮丽，犹如仙境。据说，帕木竹巴 · 多吉杰布的著名弟子塔布拉杰就曾在那里学法传教，后来又从那里形成了噶举派的八小支派。③

桑日康玛尔登寺位于山南桑日县东面杰秀村的一座山上，由希觉派创始人玛吉拉准于 1145 年创建。杰秀村有“宗喀巴大师住过的地方”的意思，并因宗喀巴在那里住过而得名。据传说，玛吉拉准的导师曾把一块巨大的红石抛向河里，并预言：“此巨石将被水冲到一个山石都像红铜一样的地方，你（玛吉拉准）要在这个地方修建一座寺院。”由此玛吉拉准在此地修建了该寺，寺前的江水中就有一块巨大的红石，红石

---

① 仲布 · 次仁多杰．十至十二世纪西藏寺庙［M］. 拉萨：西藏人民出版社，2009：81.

② 仲布 · 次仁多杰．十至十二世纪西藏寺庙［M］. 拉萨：西藏人民出版社，2009：113-114.

③ 仲布 · 次仁多杰．十至十二世纪西藏寺庙［M］. 拉萨：西藏人民出版社，2009：115.

周围有像湖一样的漩涡。据传说，这块红石就是玛吉拉准的灵石，而那个漩涡则是他的灵湖。①

六、白石崇拜

白色的石头在青藏高原有着丰富的含义，受到信奉者的特别推崇。林继富认为，藏族对白色的推崇可能源于那里特殊的生存环境和生存方式，天空、白云、雪山以及牛羊奶、酥油、糌粑、哈达等，都与白色相关，而且这些元素都与环境或者生活密不可分，这种状态有助于升腾出文化的色彩。所以，"在藏族人的心目中，白色是最美、最吉祥、最崇高的颜色"。②

在一个广为流传的神话故事中，白色与藏族的起源还有着一定的关联。很早以前，世界还处于混沌之中，在东方之白地出现了一片白海和一块白石。天神纽姆阿布得见后，化作一只白色的大鹏鸟，并飞至那块白石上栖息，随后白石"怀孕"，不久后从石中产生一只猿猴。这只猿猴就是人类的直系祖先。自此之后，以此繁衍的人们世代尊白石为神，并自称是"布耳日—尔苏"，意思是"白石"或"白人"。③

在青藏高原的日常生活中，许多活动都要有专司诸事之神的保护，在这样的环境中，许多人把白石看作各种神灵的化身，如祖先神、农业神、保护神、长寿神、英雄神等④，并以白石进行祈愿和祭祀。

---

① 仲布·次仁多杰．十至十二世纪西藏寺庙［M］．拉萨：西藏人民出版社，2009：140.

② 林继富．灵性高原——西藏民间信仰源流［M］．武汉：华中师范大学出版社，2004：47.

③ 林继富．灵性高原——西藏民间信仰源流［M］．武汉：华中师范大学出版社，2004：57.

④ 林继富．灵性高原——西藏民间信仰源流［M］．武汉：华中师范大学出版社，2004：57.

图 3-8 被解读成大鹏鸟头部图案的图案石（摄影：赵国栋）

图 3-9 扎西乡的白玉石（摄影：赵国栋）

拉萨河河谷地带开始农耕的时间约在藏历正月初五，此时，人们就会在青稞地里放上几块白色的石头。清晨，人们穿上节日时才穿的盛装，从“央岗”（意为“吉祥箱”）里取出如同羊头般大小的白色石头，再用彩色的藏毯包裹好，壮年男人将此包裹好的白石扛在肩上，人们唱着祈神的古老歌谣，朝着自家的田地走去。放置这块白石的地方是有讲究的，一般要放在产量最好的地里。远远望去，田地里的白石颇为显眼，在阳光下闪烁着耀眼的光芒。完成这样的仪式就相当于敬奉了农业神，祈求神灵保佑一年风调雨顺，使庄稼免于受冰雹、虫鸟和野兽的侵害，从而有一个好收成。在拉萨河的南岸，人们把这些白石称为“阿妈鲁莫杰姆”，意为“龙女妈妈”，还有一些人称其为“阿妈色多”，意思是“金石头妈妈”。此时，这些白色的石头被视为龙女或神女的化身，充当着当地人的农业神角色。①

与白石相对，黑色的石头一般会被认为是不祥的，所以生活在青藏

① 林继富．灵性高原——西藏民间信仰源流［M］．武汉：华中师范大学出版社，2004：64.

高原的许多人对黑色的石头多多少少会表现出厌恶之情。他们认为，黑色是邪恶、鬼怪、灾祸的象征，会给人们带来苦痛和不吉。在民间传说中，阎王是用石子给每个人记录功过是非的，在著名的藏戏《朗萨姑娘》中也是这样的，唱词中有这样的内容："阎王查对生死簿子，发现朗萨一生白石子儿多，黑石子儿只有一两果，平生没做恶事。"据说，人们每做一件善事就会在阎王那里增加一颗白色的石子，每做一件恶事则会相应增加一颗黑色的石子。在藏族民间故事《神箭手泽波处》中，妖精国的一个重要特征是黑石铺满地，这些黑色的石头可以随时变成一个个的矮个子妖怪。①

在华夏民族的早期阶段，各地、各群体中普遍存在着巨石崇拜的现象，表明石文化有一种共通性，或者是共享性。林继富认为，不能以简单的原始文化定位来看待藏族的白石文化，因为它是青藏高原世居者在历史长河中不断吸纳各时代的文化因子，不断加工创造的结果，它体现的是一个多层面的文化球体，从中可以表现出藏族多维度的精神活动信息，如祖先崇拜、灵物崇拜、苯教教理、佛教经义，这些信息共同融于白石文化之中，并且在人们日常生活中、在处理人与自然关系中发挥着重要的作用。②

第二节　影响因素与建构性

在青藏高原，有许多因素会影响到那里石文化的形成，同时，每种因素都具备一定的解释力，如自然环境、宗教影响、生计方式、文化互动等。根据行文需要，本部分将重点介绍两个主要的因素，也是与本书

① 林继富．灵性高原——西藏民间信仰源流［M］．武汉：华中师范大学出版社，2004：69.

② 林继富．灵性高原——西藏民间信仰源流［M］．武汉：华中师范大学出版社，2004：60-66.

关系最为密切的因素，对其他影响因素则不做过多讨论，基于对这些因素的分析以及前文中已经形成的材料支撑和观点支撑，进一步提出一种建构机制模型。

一、自然环境与生活方式的影响

青藏高原被称为“世界第三极”，高山大川密布，地势险峻，地形复杂，不同区域内高山参差不齐，落差极大，以海拔 4000 米以上的地区来说，在青海省占到总面积的 60.93%，在西藏占全区面积的 86.1%。世界第一高峰珠穆朗玛峰海拔为 8848.86 米，而金沙江海拔仅 1503 米。青藏高原上广布冻土，植被类型以天然草原为主。

2018 年，第二次青藏高原综合科学考察进一步研究了青藏高原气候模式及成因。南亚季风气团向北受到喜马拉雅山的阻挡，青藏高原气候因此变得干燥而寒冷。在高原隆升之后，青藏高原上的生物出现“走出西藏”和“高原枢纽”共存的模式演化路径。科考专家同时发现，在过去的 50 年里，青藏高原及周边区域的冰川面积退缩了 15%，多年冻土也减少了 16%。这揭示了青藏高原面临的气候变迁与生态威胁。

总体来说，青藏高原日照丰富，辐射强烈，日温差大；气温低，积温少；干湿分明，夏季多极端天气，冰雹多，冬季干冷漫长，风沙多。扎西乡属于纯牧业区，整体环境条件给生存和生活带来了更大的挑战。

青藏高原上以传统的农牧业为主。在农区，农业作物主要有青稞、土豆、豌豆等传统作物，但是由于环境的影响，总体产量并不高。牧区生活主要依靠草场支撑，农作物很少，大部分则没有农作物。家养牲畜以牛、羊为主，牧业是最主要产业，人们过的主要是放牧生活。在传统生活上，放牧生计形式使牧区形成了具有明显季节性迁徙的生活模式。这样，人与草场、牲畜、野生动物以及人们的最重要陪伴者犬，共同构成了特定区域内牧区的生态系统。

独特的自然环境构成了人与自然密切关系的基础，生计方式则是人与自然密切关系的结果与体现。可以说，青藏高原上的石文化也正是基于此而生发出来的。

在传统高原牧区生活中，生产资料的限制是非常明显的，由于生产受限，生活资料也十分稀缺。加之环境造成了交通限制，从外界获得建筑材料、生活材料也十分困难，最大限度地利用可能的本地资源似乎成了一条铁律。在青藏高原的多数地区，石头应该是人们可以利用的最便利的东西。在扎西乡，同样如此。在扎西乡境内，几条主要的河流都产出丰富卵石，周围的山中也富有大小不同的各类卵石。以前，人们的房屋和牲畜圈棚多是用卵石垒成的。

二、神山崇拜的影响

一种说法认为，传统西藏社会中普遍存在崇拜山神的现象；另一种说法认为，应把“山神”改为“神山”，人们崇拜的实际上是神山而不是山神。如果说青藏高原传统社会中存在的是“山神崇拜”，那么对应崇拜的应是山里的神仙，而不是某座山本身，这与青藏高原世居者的知识表述是不一样的，因为在他们看来，山本身就是一个主体，所以山是神山，神山就是一个主体，或者说山本身就是一个人。因此，表述成“神山崇拜”更符合那里人们的认知。由此可见，表述成“山神”更多体现的是一种外部的视角，而表述成“神山”则多是当地人的内部视角。不过，如果表述成“神山中有山神”，这在当地人看来则是成立的。从中我们可以发现：这种神山与山神的统一实际上是突出了两个主体的统一性，即山作为一种主体与人作为一种主体，两者是统一在一起的。

著名藏学家格勒先生写道：

> 小神山侍候大神山，并为大神山交差纳税。最大的神山有四座：东方的玛迦奔热山，南方的卡瓦呷布山、西方的冈底斯山、北方的念青唐古拉山；最大的神湖也有四个，其中包括羊卓雍错、玛

旁雍错。这些神山圣湖也像人类一样，每隔一定的日期，就聚会一次，如马年汇聚在冈仁波齐。①

格勒先生认为，冈底斯山不但是苯教的发源地，也是印度教、耆那教和袄教的发源地。② 冈仁波齐是冈底斯山的主峰，位于扎西县境内，距扎西乡约50千米。冈仁波齐不但是信奉者心目中的神山，而且被认为是世界之中心。神山不但保护着当地的人们和无数信奉者，还为人们提供了不竭的清洁水源。四条大河从冈仁波齐和周边发源，分别是：东面的马泉河、南面的孔雀河、西面的象泉河和北面的狮泉河。其中，孔雀河从扎西县内流过，为扎西县的人们提供了饮用水和生活用水。

根据佛教的观点，冈仁波齐山顶上有胜乐轮宫，下一层有五百罗汉修行处，山腰处则有无数的空行母，他们在那里侍候佛祖并管理宫殿。在苯教的观点中，冈底斯山如同巨大的水晶宫，里面住有三百六十个苯神，开则如同八顶伞覆盖，合则如同八瓣莲花，而冈仁波齐就是伞柄和莲花的根基，成为天神下凡与升天的阶梯。基于这样的理解，有些信奉者认为，围绕冈仁波齐转山，等于是在进行大自在天曼陀罗的修持。③

对神山的崇拜，尤其是对冈仁波齐的崇拜并不是随意为之或刻意为之，而是人们根据青藏高原上人与自然的关系，并基于山势、山形以及其他一些特征，建构出神山的某些重要社会属性，并基于这些属性而寄托情感。与神山相关的各种故事、传说以及基于此形成的相关实践方式反映了这种建构物对人们行为的影响，并由此巩固着自身的影响和地位。从与人们的生存、生活和生产相联系的角度来说，这些建构物是人们获得某些内在精神力量以应对自然挑战、更好地适应自然的媒介。

在现实生活中，人们对神山的感知以及对某些福泽的期待对他们的

---

① 格勒．月亮西沉的地方——一个人类学家在阿里无人区的行走沉吟［M］．成都：四川民族出版社，2005：158.

② 格勒．月亮西沉的地方——一个人类学家在阿里无人区的行走沉吟［M］．成都：四川民族出版社，2005：144.

③ 格勒．月亮西沉的地方——一个人类学家在阿里无人区的行走沉吟［M］．成都：四川民族出版社，2005：143-144.

建构行为产生了重要的影响。山形、山石的奇特之处，以及流传的众多故事、石头的广泛使用等方面又使人们对石的感知进一步推进和深化，从而对人与石头关系的建构起到了推动作用。林继富认为，藏族广泛存在的白石崇拜现象，其本质是信奉者对山神的崇拜，白石的神力也主要来自藏族的山神。[1] 这里的山神，我们用当地人的视角进行转化，就可以理解为神山。由于对神山和山神的崇拜，信奉者就会在现实生活中对一切具有特殊性的石头进行关注。这相应会产生意义的外溢，那些具有某些特殊性的石头就如同神山上的岩石一样，根据人们的生存、生活与生产的需要而被建构出某种神性和功能，它们也同样成为人与自然形成有机体，建构起紧密联系的纽带。

三、自然的构建性

虽然我们探讨了自然环境因素和神山崇拜因素，并强调了它们对人们行为的重要影响，但在青藏高原传统文化体系之下，虽然自然环境和宗教等因素对人们的思想观念与行为实践能够产生较大的影响，但是我们应该保持一种警醒：对大多数人来说，直接影响他们观念与行为的不是环境，也不是宗教，亦不能简单地归为某些其他外部力量，而是来自人们与自然环境的互动过程以及基于这种过程的人的主动性的有效发挥——譬如，人们不移动牧场和耕地里的石头的“消极的主动性”蕴含着丰富的生态内容，并由此建构出人与自然之间的一种关系机制。我们可以说这是一种生态伦理机制，笔者将其称为“基于身体知觉的天人生灵合一生态伦理”。

依据该生态伦理机制，自然具备了身体知觉，或者说，自然之物都具有某种身体知觉，人类在自然之中同样如此。正是基于身体知觉，人与其他自然之物就能够建构起某种联系，并通过这些联系进行协调。对

---

① 林继富．灵性高原——西藏民间信仰源流［M］．武汉：华中师范大学出版社，2004：67.

身体的存在与价值（身体—主体）的知觉是一个重要的出发点，或者说是一种重要的基础，由此人与自然之物就形成了一种双向嵌入的“古”字形“生灵机制作用圈”，该作用圈以人为核心，以人与生灵的互动、互构为机制。生灵是对所有具有身体知觉的自然之物的统称，以动植物为主，同时也涵盖了其他被特定群体赋予了身体知觉的非生命体，譬如灵石。

由于该生态伦理机制的作用，宗教在人们日常生活中扮演的角色被柔化，这种柔化可以做这样的描述：宗教产生的作用虽然针对的是人的观念与行动，但此时宗教教义发挥作用首先要面对“生灵机制作用圈”，并通过这种作用圈发挥作用——此时的人已经被融入了作用圈之中，所以，宗教的作用显然无法直接对人产生刚性的效力；宗教的作用力在作用于“生灵机制作用圈”之后，便会因为作用圈的自身机制与弹性而形成一种反向的力，并最终形成一种柔性的双向互构。

基于这种双向互构的机制，农牧民们采取的行动实际上并不能只是从社会行动的视角进行解读，或者说只从社会行动的视角进行解读是不够全面的，因为这些行动是内在于生活世界并且建立在“生灵机制作用圈”之上的。不过，由于纯粹的生活世界并不是我们生活的常态，因此我们的这种解读以一种理论上的模型，即研究中的理想类型定位更为恰当。同样地，该机制也应被视为一种理论上的理想型（见图3-10）。

从自然内关系的可构建性来说，或者说从“基于身体知觉的天人生灵合一生态伦理”角度来解读，自然内一切存在物，只要与特定的群体有某种接触，便都会被赋予一种基于身体知觉的“生命”，并会被建构出与该特定群体之间的某些关系。

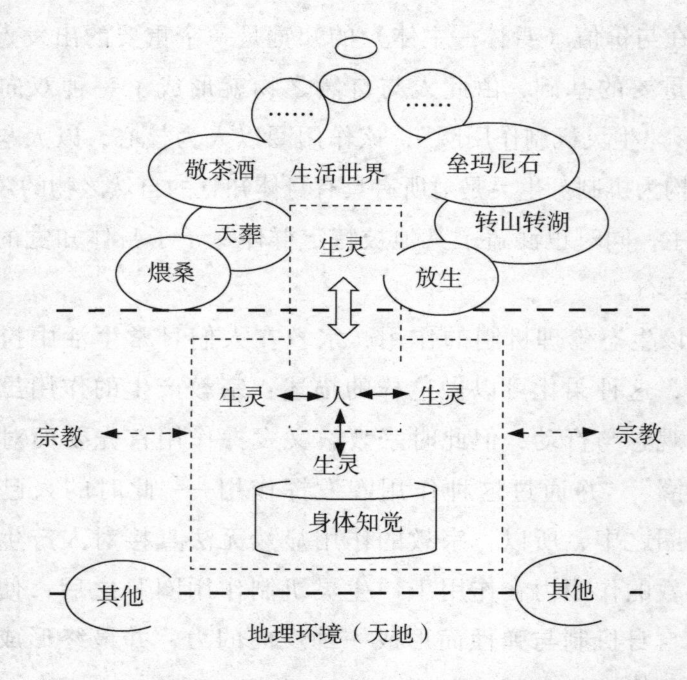

图 3-10　基于身体知觉的天人生灵合一生态伦理机制①

在去“神山”冈仁波齐的路上，会路过一座寺院：普热寺，在寺中供奉着莲花生大师的佛像。普热寺整体建筑位于一个熔岩形成的山体的半山腰处，周围布满了岩浆塑成的山笋。这些山笋的上半部分多呈白色，下半部分主要呈红色，远望过去，如同一个规模庞大的佛塔群，在阳光下散发出夺目的色彩，颇为壮观。当地神话传说把这些石笋称为“五百罗汉”。由普热寺继续前行就会遇到一间小房子，在房门的右侧有一块很光滑的大石，上面有一个天然的孔洞。在当地的传说中，这个孔洞被说成是多杰帕姆的生殖器，与之对应，在门边还有一块经过人工雕琢的石头，此石被说成是男性的生殖器。人们向着这两块石头进行虔诚的朝拜，就可以免受地狱之苦，并在来世继续投胎为人②，这种说法

① 赵国栋．“神鱼现象”：藏族原生态文化解释的一种机制隐喻［J］．原生态民族文化学刊，2019（4）．

② 格勒．月亮西沉的地方——一个人类学家在阿里无人区的行走沉吟［M］．成都：四川民族出版社，2005：138-139.

在当地广为流传。从这些传说中，我们可以较为清晰地发现“基于身体知觉的天人生灵合一生态伦理”存在与发挥作用的痕迹。

本章小结

本部分从多个维度呈现了青藏高原上具有的丰富多彩的石文化，并探讨了在这些文化形式和现象背后的主要的形成与作用机制问题。这样的呈现与分析可以为我们提供一个总体的印象和轮廓，我们可以从中做出这样的归纳：青藏高原上的一些世居者们运用主动性和创造力积极主动地与大自然之物进行接触，他们在观念和行动上对那些自然之物充满了敬畏，并利用自己和群体的智慧、实践努力协调好那些关系。

无可否认，青藏高原的高海拔、极低温与严重缺氧的环境给那里人们的生存、生活和生产带来了很大的挑战，这些挑战也给人们的选择与活动带来了较多的限制。由于这种密切的关系以及较强的依赖性，世居者们必然与那里的自然之物之间存在较强的张力关系。为了个体和群体在生存、生活、精神上获得足够的支撑，使自己所在的社区获得有效整合，从个体和群体角度来说，都需要想办法弥合或减弱这些张力给自己的社区与生活带来的创伤。这些创伤可能涉及：生育率较低、新生婴儿存活率较低、平均寿命较低、高原病较多、物质生活资源相对贫乏、生计方式较为单一等。为了能够维持社区整合与发展并成功繁衍后代，青藏高原先民们建构出了众多的仪式和方式，他们进行祈祷、自我约束，不断探索最适宜的生存、生活、繁衍与发展之道，并在这样的过程中逐步增加群体内的精神力量。这样的过程让白石、玛尼石堆等文化中都有了生育、赐子等相关的文化因子，在人们的许多信仰仪式中，招福赐子内容仍然被较多地保留着。[①]

---

① 林继富．灵性高原——西藏民间信仰源流［M］．武汉：华中师范大学出版社，2004：102.

精神分析学说在人与自然的关系方面也存在类似创伤的观点，譬如，认为人与自然之间并不天然是我们理想的和谐关系，而是存在“创伤性”的张力关系。[①] 根据这样的观点，为了不断减弱，甚至消除创伤带来的不利影响，获得更有利的关系及其相应的结果，人们会努力建构出某些对自己非常重要的关系和意义，并从中获得强大的支撑，以对抗创伤关系和它产生的不利影响。笔者已经逐步展现了这样的一种理解视角，它也应该成为建构主义研究需要深入探索的一种研究视角。

---

① 孔明安．人与自然关系的新阐释——再论恩格斯《自然辩证法》的当代意蕴［J］．北京行政学院学报，2020（5）．

第四章

卵育万物与石文化

卵也叫作“卵子”“卵细胞”，是雌性生物的生殖细胞。目前研究显示，所有的动物和种子植物都会产生卵细胞。高等生物的卵细胞是由卵巢产生的，对所有哺乳类动物来说，在出生时卵巢内已经有未成熟的卵细胞存在，在出生后卵子数目不会增加。卵子和精子结合后便形成了受精卵，受精卵标志着新生命的开始。受精过程包括体内受精和体外受精（例如大部分的鱼类）两类。人类的繁衍离不开卵子。卵子是人体最大的细胞，是产生新生命的母细胞。从卵的组成结构来说，卵的外面具有外被（coat），外被的主要成分是糖蛋白，由卵细胞或其他细胞分泌生成。大多数动物的卵是单个细胞，为了保障胚胎发育，在卵中储存有大量的营养。富含蛋白质、脂类和多糖的营养成分被称为“卵黄”，它们通常存在于卵黄颗粒中，有的卵黄颗粒外还有膜包围。在体外孵化的某些种类中，卵黄的体积可以占到卵的95%以上。

在青藏高原文化中，“卵生说”是关于世界与万物起源的一个重要观点，其中暗含着多样性与同一性相协调的观念，和生命息息相关。[1]可以说，“卵育万物”观念是青藏高原众多文化的内核之一，与石文化之间有着密切的关联性。本部分将阐述青藏高原文化中的“卵育万物”故事与观念，以及在诸多故事中卵与石之间的关系问题。

① 何峰．藏族生态文化［M］．北京：中国藏学出版社，2006：83.

第一节　卵生说概览

卡尔梅·桑丹坚赞认为，分析苯教中的一些重要观点，虽然并不能清晰反映出“世界卵生说”是如何被吸收到藏族人的传说和故事之中的，但他认为这些观点至少可以推断出“卵生说”的观点在11世纪甚至更早的时候就已经出现在藏族故事中了。[①] 通过这样的分析，我们可以推测：若“卵生说”成为故事中的重要元素或者核心要素，它从融合、产生到较为定型，必然也要经历一个较长的过程。所以“卵生说”出现在青藏高原藏族群体的生活之中应具有悠久的历史和漫长的过程。

苯教文献《斯巴佐普》中有关于万物起源的神话故事。有一位叫南喀东丹却松的国王，他拥有五种本原物质，其中产生了一个发亮的卵和一个黑色的卵，发亮的卵是一头牦牛的形状，黑色的卵则呈现锥形。从亮卵中产生了火，从黑卵中产生了一个黑光人。雨和露从五种本原物质中产生后，逐渐形成了海洋，风吹过海面后，生出一个青蓝色的女人，后来又生出了野兽和鸟类，再后来又生下了九兄弟和九姊妹。他们分别是各类物种的祖先。[②]

在青藏高原与血缘有关的文化之中，“骨系”指的是同一祖先的血缘关系，并以“骨名”来区别不同的骨系。在一些传说中，藏族人是以人身上的一根根骨头来取名的。除了关于由神猴与罗刹女结合而成六只幼猴，再由此繁衍出藏族的传说之外，还有其他一些传说，如多种多样的卵生说，其中一种卵生说讲的是藏族的先祖由“六个黄色发光之卵”以及“十八卵”产生并不断繁衍而来。在所有的卵生说中，《朗氏

---

① 卡尔梅·桑丹坚赞．藏族历史、传说、仪轨和信仰研究——卡尔梅·桑丹坚赞论文选译［M］．看召本，译．北京：中国藏学出版社，2016：131.

② 丹珠昂奔，周润年，莫福山，等．藏族大辞典［M］．兰州：甘肃人民出版社，2003：60.

家族史》中人由卵而生的记载可以视作最有名的传说之一（后文中对此有进一步介绍）。这些传说可以说与骨系都有着密切的关系，所以它们也成为人们确定血缘关系的重要影响因素。

在传统农牧生活中，箭和纺锤是农牧民不能缺少的东西，前者主要用来打猎防身，后者则是用来纺线织氆氇的。在一些传说中，箭和纺锤的出现也与卵有一定的关系。在一个传说中是这样描述的：在天上的一条峡谷里，一位名叫恰冈央扎的男子与一位名叫什贝东桑玛的女子结合，后来生出了三个神奇的卵。三个卵的颜色分别为金黄色、青绿色和白色。从金黄色卵的裂口处出现了一支箭，此箭呈金黄色，带有孔雀羽毛的尾翼，据说这支箭就是所有箭的祖先，并在以后成为男子的一种象征。从青绿色卵的裂口处出现了一支带有金色羽毛尾翼的青色的箭，它成为新娘金光闪闪的箭。从白色卵的裂口处则出现了一只纺锤。①

在苯教文化中，最早的“母亲”身份也与卵有一定的关联。在苯教中，萨智艾桑（也称为“曲坚木杰莫”）被认为是万物之母，同时她也是众神之母。传说是这样描绘的：在从五种本原物质中生成了风、火、露珠、微粒及大山之后，又产生了雨和雾，并由此形成了海洋；当风吹过海面时，一个气泡跳到带有蓝光的卵的表面之上，气泡破碎之后，从中出现了一个青蓝色的女人，她就是萨智艾桑。曲坚木杰莫之称呼来自桑波奔赤，他们二人结合之后，便有了其他诸神和飞禽走兽。②

苯教文化把桑波奔赤视作最初的造物主，位居苯教诸神中最初的四尊之一，也是现实世界的国王。据传说，桑波奔赤就是来自卵生。以前有个叫南喀东丹却松的国王，他拥有五种本原物质。法师赤杰曲巴把这五种物质放在自己体内，说了声“哈”，就产生了风，由风而生火，火的热气和风相互作用形成了露珠，露珠上的微粒被风吹落，越积越多，

---

① 丹珠昂奔，周润年，莫福山，等．藏族大辞典［M］．兰州：甘肃人民出版社，2003：357-358.

② 丹珠昂奔，周润年，莫福山，等．藏族大辞典［M］．兰州：甘肃人民出版社，2003：658.

便形成了山。从五种物质中又生发出白色、黑色两个卵。白色发亮的卵的形状似一个立方体，呈现出一头牦牛的形态，黑色的卵呈锥形，如一头公牛般大小。法师赤杰曲巴用一个光轮敲打白色的亮卵，并发出火光，火光在空间中散开，形成了托塞神（散射神），向下射去的火光产生了另外的神，而在卵的中心则产生了桑波奔赤。①

在许多民间传说和歌谣中，人类与自然万物、神灵一样，同样由卵而生。一首《卵孕人类》的歌谣这样唱道：

> 从前由于赛神与拜神的神道，由五种宝贝形成了一个蛋。由于内部的力量蛋破裂了，从天空的神胎里生产出来，蛋壳变成防御的铠甲，外皮成了守卫的武装，白石成了英雄力量的源泉，内皮成了居住的碉堡。从蛋的最中心的部分，生出了一个具有神力的人。他有狮子的头和野猫的耳朵，一张可怕的脸和一条象鼻子，他有一张鳄鱼嘴和老虎爪子，他的脚像刀，毛像剑，在两个犄角之间是鸟王，还有一块如意宝的头饰。
>
> …………②

该故事为我们展现的是一个卵生英雄的人物形象。在故事内容和情节方面，该故事与苯教的“卵生说”不同，也与其他相关故事存在一定的差异，但它们在本质方面是相同的，即人类的英雄人物是从卵而生的。在该故事中，卵的各个部分都具有相应的功能和价值，蛋壳、外皮、内皮、白石，每个组成部分都相应幻化成英雄的一部分。其中，白石是一个极为特殊的存在，它成为英雄力量之源。把白石作为力量之源来定位其地位和角色，可能与笔者前文所述的青藏高原藏族文化传统中的白石崇拜有关。以此来看，也可以较为有力地证明：卵生文化与石文化之间是存在着密切的建构关系的。

---

① 丹珠昂奔，周润年，莫福山，等．藏族大辞典［M］．兰州：甘肃人民出版社，2003：672.

② 南文渊．藏族生态伦理［M］．北京：民族出版社，2007：36.

另外，该故事中卵生英雄人物的造型颇为奇特。这些奇特之处全部来自自然，同时，把动物形象的奇特之处与人类文化的创造（如刀、剑、头饰）相结合，表明存在着建构者对人与自然关系的某种反思、调适与运用。南文渊认为，歌谣中所唱的卵生英雄是一个复杂的具备各种动物形象的综合体，这种现象可能表明了古代藏族人中存在着人与兽一体同源于卵的观念。① 在《格萨尔王传》中也有与之相类似的内容，如一首唱词这样唱道：

世界形成有父亲，世界形成也有母亲。
沟脑飞出一只鸟，它说世界本来有；
沟口里飞出一只鸟，它说世界来去无。
有无之间造鸟窝，生下鸟卵有十颗。
…………
三颗白卵滚上方，上方神界形成作基础；
三颗黄卵滚中间，中空念界形成作基础；
三颗绿卵滚下方，下部龙界形成作基础；
六颗鸟卵滚人间，形成藏族原始六氏族。②

该唱词也是一种卵生说的表述，更直观地把原始之鸟作为万物之祖，这种情况的出现可能与藏族文化中大鹏鸟的意象有关。该唱词中，以鸟卵为根形成了三界和人间。我们在理解时应该注意，唱词中的数字并不能明确对应具体的数字，它更可能是一种泛化的表述。这需要进一步解读，譬如，10 颗鸟卵为什么在形成三界（神界、念界和龙界）与人间原始六氏族时，会在计数中出现了 15 颗呢？我们可以从数字计算、数字代指、观念传达等多方面进行解读，但显然故事中这样叙述并不是简单的数字加减的问题，而更倾向于传递出某种神性的力量以及对现实的关怀，此时，数字并不是主要的，所以故事中数字的细节都是为这样

① 南文渊．藏族生态伦理［M］．北京：民族出版社，2007：36.
② 转引自南文渊．藏族生态伦理［M］．北京：民族出版社，2007：36。

的目的服务的。而且，这样的叙事风格也与大量的藏族民间故事相符，或者说诸如此类的数字表述问题是在故事中大量存在的，实际上，许多时候故事中的情节并不需要环环相扣。大量的藏族神话、宗教故事都有这样的特征。

在与这一主题相类似的另一首唱词中，说的是原本有 2 只鸟，鸟巢中有 18 枚卵，其中有 6 枚白色的，6 枚蓝色的，从中间的 6 枚中出现了人，其中共有 3 个铁匠，他们每人都分别属于上（天，白色的）、地（黄色的）和地下（龙，蓝色的）三界之一。[①] 法国藏学家石泰安认为这些说法相当模糊，而且在史诗中的许多地方只存在一些片段性的叙述，在没有交代得十分清楚的情况下又开始讲述其他的内容。要理解石泰安的这种说法，或者说解决他的困惑，有必要运用笔者前面所做的分析，尤其是对数字的理解，如果过度局限于故事的连贯性以及相关的逻辑性，那就可能无法真正理解故事所要传达的意义和它的价值。

在青藏高原及一些边缘区域，也大量存在“卵生说”的不同变体，譬如，在四川阿坝地区藏族群体中间流传《共工和日玛依》的故事。该故事讲道：很久以前，大地被洪水淹没，既没有人也没有动物。过了很长时间之后，一座大山从水中显露出来，山中除了有一只母猴外，其他什么也没有。母猴每天都坐在这座大山的一块石头上。有一天，它坐着的这块石头突然从中间裂开了一道缝，并从中跳出两个女娃娃。[②] 这种“卵生说”的变体在文本表述上仍然保持了卵生说的内核，在卵生意象与石文化之间建构起了某种内在关联。

① 石泰安．西藏的文明［M］. 耿昇，译. 北京：中国藏学出版社，1998：228.

② 林继富．灵性高原——西藏民间信仰源流［M］. 武汉：华中师范大学出版社，2004：155.

第二节　多维度下的卵生说

一、卵生说的生成与意义

“卵生说”存在着许多来源，也有多种表述。据目前研究来看，这些研究还没有把“卵生说”的来源、类型以及每种类型下的特征完全系统化地梳理清楚。张翼在《藏族卵生神话探析》一文中做出尝试，并进行了较为全面深入的梳理，列出了一些特征，进行了较系统的分析①，但仍有一些没有涉及。我们有必要进行进一步梳理和分析。同时，基于这些丰富多彩的内容和类型，我们可以推断：卵生说的故事在社会空间中应该获得了较多的再创造。而所有相关故事都具有相同的核心要素，也就是从卵而生发出包括人在内的自然万物。

石泰安在《西藏的文明》一书中专门对卵生神话进行了考察。在《部族的口头传说或起源》中记录有关于各部族卵生起源的信息，这部作品被归入苯教文献的范畴内，但该文献内并未提及苯教。朗氏家族世系的起源传说是关于卵生说的一个重要故事。该故事讲道：首先，诞生了“五行精华”的一个卵，并从外壳中诞生了上部神仙的白色岩石，内部的液汁形成了大海螺般的白色湖，卵又生成了 18 个卵，中间的（可能 1 个或 6 个）是海螺卵。这被认为是一个无形的人，是具有思想但无四肢又无感官的人，后来生成了感觉器官，并形成了一个完整的青年人，他就是益门赞普或桑保布木赤赞普，以后便来到延格时代，再到古氏族，这也构成了朗氏家族的起源。

石泰安认为，该故事描述在开始的部分就“非常矫揉造作”，这一状况与苯教创始神话颇为相似。从该故事的叙述特征中也可以看到伊

① 张翼．藏族卵生神话探析［J］．甘肃社会科学，2018（1）．

朗、汉地文明的一些痕迹，表明受到了它们的强大影响。有学者认为，苯教卵生说的宇宙起源论是印度外道（婆罗门教）的一种信仰。① 也有人认为，从该故事中可以发现摩尼教或诺斯替教派的元素，石泰安认为完全有这种可能。另外，石泰安也强调，此类的宇宙起源论（非生物>生物>卵>由其各部分组成的世界）在印度的婆罗门教经文和《奥义书》等古老文献中已经出现过。② 他更偏向于主张：苯教的卵生说文化的起源与印度文化的联系可能更为紧密。

不过，从关于朗氏家族起源故事的角度来说，我们能够发现，诸如此类的家族起源说，在其他世系家族中也是存在的，或者说也存在类似的故事和关系建构。就此现象，石泰安认为，不同家族之间可能会存在相互竞争，而为了在竞争中获得更有利位置，每个家族都努力建构自己的神话性起源，并基于此逐渐形成各种各样的变化或变种，这些被建构起来的神话故事通过集体化的某些行动——譬如，庆祝神祇的节日或者一些比赛活动——得以强化和不断实现代际传播。

石泰安的研究和他所强调的这些方面具有一定的启示性，当然，这些启示并不局限于他指出苯教传说、故事中卵生说逻辑上的问题，他看到了诸如此类的卵生说起源可能和人与人之间的关系、部落与部落之间的关系有关，以及这样的关系可能产生的影响。石泰安指出，关于人类居住地的历史往往是很具体的，人们在文本中进行描绘时也多是这样的，而很少做抽象的表述，但奇怪的是，在苯教文献中不厌其烦地指出的宇宙起源论本身却是抽象的。他认为，对需要和创造关系的人们来说，他们首先所关心的是治理世界的问题，而不是创造一个世界的问题。如果我们把管理世界与创造世界看作两条路线，那么它们可能对应着两种方向，前者是拉扯着向前的，有一种向前的冲劲，蕴含着一种强大的惯性般的欲望推拉着人们不由自主地探索；后者则是反向的，或者说是逆向的，它从个人和群体的实践向后推及，是和人对与其他自然之

① 石泰安．西藏的文明［M］．耿昇，译．北京：中国藏学出版社，1998：228.

② 石泰安．西藏的文明［M］．耿昇，译．北京：中国藏学出版社，1998：294.

物关系的原始关注和思考分不开的，和特定环境中人与特定群体的思想、好奇心、能动性、创造性密切相关。从卵生说的丰富形态和它们都具有某些核心要素的抽象状态来说，这种情况可能与人们管理世界与创造世界的两种路径方向有关，正是由于存在着这样的路径张力，所以特定的群体就必须找到某种超越性的关系，并用这样的关系来协调群体成员在两种路径之间可能遇到的问题，从而让群体得以整合，并基于这种整合而面对自然中的各种现象和问题。虽然诸如此类的关系既是个人化的，也是群体化的，但是它一旦生成，就成了一种新的、具有某种独立性的存在，并发挥着那些特定的功能。

我们还可以做进一步的阐释。特定的人和相应的群体根据自身的需要、理解以及期望建构起种种关系，而且，这些被建构起来的关系可以针对自然中任何物、现象和过程，或者说，它们是在人与自然的互动过程中建构起来的，任何东西都可能在一定的条件下被拉入建构关系之中，进而成为特定群体与自然之间关系的一种标示。这一过程是从人的个体出发形成的，这一点无须怀疑，也不必怀疑，同时它也是极为重要的，因为这种情况意味着个体与群体、自然之间是存在某种关系的，这样就在个体主义、整体主义之间架起了一座可以联系和沟通的桥梁。

石泰安认为，苯教被迫把宇宙起源论当作一种“王家的大宗教”①，苯教关于宇宙起源的一些故事传说被移用到一些家族文化当中，这些移用的家族当然是那些具有某些主导权的群体。虽然石泰安的这种考察结论具有一定的启发性，但我们仍需要对它进一步分析，至少我们应该注意：凡重要的、有用的传说、神话、故事或思想必然会从个体走向群体，那么如何界定这种“重要”或“有用”呢？在远古时代或部落社会时期，个体与群体面对的最大的问题，或者说要应对的最大的挑战，就是面对大自然时的脆弱与无助，同时还要从大自然中获得生存、繁衍的机会与支撑，与自然建立起的关系朝着有利于生存、繁衍和增加集体

① 石泰安．西藏的文明［M］．耿昇，译．北京：中国藏学出版社，1998：292.

力量的方向，这应该是对那时的个体与特定的群体来说最重要的，也是最有用的。从这一角度来说，关于多种多样的卵生说的起源论实际上暗含着从个体到群体的一种生存性的关怀，这种关怀在特定的阶段构成了一种终极性的关怀。如果说，卵生说的起源论被某一类群体所“垄断”，那么理解它应该是另外一种解读的维度，与我们所强调的不能混同起来。

石泰安专门分析了故事中的一些情节。在一个近乎虚空的世界中(既没有物体也没有现实)，却有一个奇迹般的人（或擅长魔术的人）出现于生物和非生物之间，被视为“造物主、生物之主”。在那里看不到任何季节和气候现象，而森林也是自动诞生——至少没有提及，森林中也没有动物，在时间上也不存在日夜之分。权利也被有意无意地忽视，无论上界的神仙、魔鬼还是地下神等都是如此；也看不到疾病的踪影。在这样的“三界自动生起”之中，苯教也自动生成了。无论这样的逻辑是否合理，我们可以从中发现，这种故事或叙述都体现出了唯有人类才可能做到的建构关系的特征。或者说，这种关系的建构也是一种平衡法，其目的在于既向后找到对人和他（她）所在群体、社区的终极关注的依托，又向前实现处于优势地位的人和他（她）所在群体的某些权利需求。在此基础上，并通过这样的过程，人们憧憬的世界图景就被建构出来了，甚至可以说，人们会相信曾经存在这样类型的图景。

在神话故事中，苯教出现之后，便又出现了一白一黑的两条光束，两条光束又各自变成了两色的芥菜籽，随后又出现了一个叫“黑地狱”的人，他黑如长矛，并制造了一切恶行，带来了疾病，“指派雄鹰捕杀鸟类、让恶狼追食动物、让人类宰杀牲畜、让水獭捕捞鱼类、让恶魔残害人类。他同时又创造了纠纷、斗争和战争，他反对一切并代表非生物”。后来又出现了一个周身环绕光圈的人，他给自己起的名字是“热爱存在的主人”。“他使太阳具有温和的光芒，重新分配了日月，协调了天体星辰”，并使一切都感到愉快。石泰安认为，这样的故事叙述是一种描述善恶的笨拙方式。① 不过，从作为个体和力量微弱的群体角度来说，当他们面对强大到根本无法抵抗的自然时，他们会深深感受到威胁、不安、恐惧并在内心有深深的期盼，期盼安定、安全、温暖、力量以及美好的前景，对他们而言，这些都是光明的，就如同阳光一般让人向往。此时，我们能够发现，这种叙事中存在着明显的建构性因素。

在林继富看来，藏族的卵生说形成了一种“宇宙卵”的意象，尤其具有印度“创世之卵”的影子，譬如，梵天作为万物创造者，他被视为一枚“太阳蛋”，并从此蛋中分裂出天地。梵天在卵中住满了一个梵天年之后，“经过个人思考，将卵一分为二”，形成天地，并在天地之间布置了大气、八天区以及永久的水库。②

林继富还指出，除了受到外来文化的影响外，还有独特的藏民族自身文化。卵生神话中的“五彩蛋”就是藏民族所特有的。他认为，这可能与藏族先民对颜色的特别情感有关，尤其是对白色和黑色的某些认识。另外，多枚鸟卵生人的情节也是藏民族所特有的。基于这样的特点和基础，在大量后世西藏神话中逐步演化出了一种以西藏特点为主的卵生信仰模式。基于此，他指出：

> 西藏卵生神话立足于西藏先民的原始神鸟隶拜的基础之上，在后来苯教徒对其教义、教理不断体系化过程中，又吸收印度同型神话的卵生因子和伊朗民族二元的宗教和社会伦理观念，对原始、朴野的西藏卵生神话进行丰富和发展，这也就是我们今天见到的苯教经典中载录的西藏卵生神话的大致状貌。③

在本书中，笔者更关注“卵生说”中透露出的人与自然之间的关系，或者说它们之间关系的建构性特征。虽然藏族卵生说的生成影响因

---

① 石泰安．西藏的文明［M］．耿昇，译．北京：中国藏学出版社，1998：293.
② 林继富．灵性高原——西藏民间信仰源流［M］．武汉：华中师范大学出版社，2004：195.
③ 林继富．灵性高原——西藏民间信仰源流［M］．武汉：华中师范大学出版社，2004：198.

素问题也是重要的，譬如，它的生成受到了什么因素影响，这些因素影响的大小等，这些问题也同样值得研究，但总体上来说，它们并不是本书关注的中心。从人类学的角度来看，文化的进化、传播以及功能都是在不同程度上存在的，这些研究视角和理论流派都有一定的价值性与启发性。在这里，基于研究目标，笔者更关注一种文化的生成机制以及在它形成后与那里特定群体之间的关系问题。

另外，我们还需要强调，对卵生神话如何生成的分析并未指明卵生神话是如何维持的，即它在现实生活中的维持机制的问题。一个神话故事能够形成并被传播、流传，它就会相应发挥一定的功能，产生一定的影响，承载一定的文化本质。我们关注它们在现实生活中的维持与作用发挥，就需要抓住一个关键，即人们在现实生活实践中是如何生存、生活与自我定义的，尤其需要发现它们在支撑人们精神、信念方面的作用与机制问题。神话的发生与流传绝不仅仅是文化的交流和人们智慧创造的结果，它和人与人、人与世界的关系有着深层的联系。

二、类型化的卵生说

本部分将列举多种流传较广的“卵生说”故事，通过分析这些故事的核心内容，我们将归纳出不同卵生说故事的一些重要特征，以使我们的讨论更具针对性，也帮助我们更好地理解本文的研究主题。

苯教文献《什巴卓浦》中关于卵生说的记载主要如下：

在很早很早以前，有位名叫南喀东丹却松（意即三方天界之王）的国王，他拥有五种本原物质。父亲赤杰库巴从南喀处收集了五种本原物质放入他的体内，轻轻“哈”了一声，风就吹起来了。当风以光轮的速度旋转时，就产生了火，风吹得愈猛，火烧得愈旺，火的热力和风的凉爽产生了露珠。在露珠上产生了元素，此后这些元素又被风吹落堆积起来形成了山。世界就是这样由父亲赤杰库巴（也称翁宗杰保）创造出来的。从五种本原物质中又产生出一个发亮的卵和一个黑色的卵，发亮的卵是一头牦牛的形状，黑色的卵是锥形的。父亲赤杰库巴用一个光轮来敲发亮的卵，就产生了火，火光散开时形成了托塞神和箭神，从卵的中心出现了斯巴桑波奔赤——一个带有绿松石头发的白人，他是现世的国王。格巴梅奔那保，是赤杰库巴的对手，他让黑卵在黑暗处爆炸，黑光向上产生了愚昧和迷惑，黑光向下产生了迟钝和疯狂。从黑卵的中央生出一个黑光人，名叫闷巴色丹那保，是幻世的国王。雨和露也从五种本原物质中产出，形成海洋，当风吹过海面时，一个青色气泡跳到带有蓝色的卵上，当卵破碎之后，生出一个青蓝色的女人，桑波奔赤给她取名曲姜杰姆。桑波奔赤和曲姜杰姆没有低头，也没有接触对方的鼻子就结合了，生出了野兽、畜类和鸟类，他们低下头触了触对方的鼻子，结合后生下九兄弟和九姊妹。九兄弟分身出九个女人做他们的妻子，九姊妹也分身出九个男子做她们的丈夫……①

苯教文献《黑头凡人的起源》中有如下记载：

湖面的堆积物滚成卵状。卵里产生黑白两个鸟的灵魂，即光的光明和芒的黑暗。光明和黑暗结合成黑、白、花三枚卵。白卵破裂而外壳形成了白色的神岩。中间的黏液变成众多的光裔部落。里面的乱水变成了海螺色的母犏牛。卵的内核产生最初的白光世神、姜协神白色主人和具海螺眼三白人。黑卵破裂而产生昂米娜波和提纳邦扎两个。花卵破裂而产生女人朗朗玲玲…… ②

藏族史籍《朗氏家族史》中的“卵生说”故事颇为有名，其主要内容如下：

庶民世系。五大（地、水、火、风、空）之精华形成一枚较大卵。卵的外壳生成天界的白色石崖，卵中的蛋清旋转变为白螺海，卵液产生出六道有情。卵液又凝结成十八份，即十八枚卵，其

① 转引自张翼．藏族卵生神话探析［J］．甘肃社会科学，2018（1）。
② 转引自张翼．藏族卵生神话探析［J］．甘肃社会科学，2018（1）。

中晶者系色如海螺的白净。从中一跃而出一个有希求之心的圆肉团，它虽无五识（眼、耳、鼻、舌、身），却有思维之心。（他）认为应有能观察之眼，遂出现慧眼；（他）思虑到应有能识别香臭之鼻，遂鼓起嗅香味之鼻；（他）想到应具备能闻声之耳，遂耸起听受声音之耳；（他）思忖到应具有牙齿，遂出现断除五毒之齿；（他）认为应具备尝味之舌，遂生出品地之舌；他欲望有手，遂长出安定大地之手；他希求有脚，遂出现神变行路之脚。

总之，一有希求遂立即实现……①

在嘉绒藏族地区流传着多个版本的“大鹏鸟卵生”嘉绒土司的故事。曾穷石认为，虽然这些故事存在着各种各样的差异，但也具有一些共同点，尤其是能从故事中体现出嘉绒藏族的根基性的情感记忆，这些情感记忆成为嘉绒藏族族群认同的重要基础。譬如，其中有一则神话故事是关于巴底、巴旺两土司如何出现的叙述，内容如下：

荒古之世，有巨鸟，曰“琼”者降生于琼部。琼部之得名由此于，译言则“琼鸟之族”也。生五卵：一红、一绿、一白、一黑、一花。花卵出一人，熊首人身，衍生子孙，迁于泰宁，旋又迁巴底。后生兄弟二人，分辖巴底、巴旺二司。②

在苯教文献《十万龙经》中有关于大金龟生卵而出龙家族的故事，故事讲道：

那个原始大金龟曾生下六枚卵，六卵即成龙家族的六个分支。其中最后诞生的那枚卵生出著名的龙女王（klm-mo），龙女王号称“世界守护者”，她为创造世界，便损伤自己，将头部化为天空，右眼成月亮，左眼化为太阳，她睁眼为白天，闭眼为黑夜，她声音

① 大司徒·绛求坚赞．朗氏家族史［M］．赞拉·阿旺，佘万治，译．陈庆英，校．拉萨：西藏人民出版社，1989：4.

② 西南民族学院民族研究所编《嘉绒藏族调查材料》及马长寿《嘉绒民族社会史》，刊于《民族学研究集刊》第四辑，1944 年。这是巴底土司王寿昌讲述。转引自曾穷石．“大鹏鸟卵生”神话：嘉绒藏族的历史记忆［J］．学术探索，2004（1）。

是雷，舌是闪电，呼吸生云雾，奔孔出风，哭泣为雨，她又将身体、四肢变成大地，肌肤成土，骨骼成山，四脉是河，血水为海，毛须成森林草木。她头顶正中是天空的中心，肚脐则为大地的中心，天地之间三界沟通是可以从肚脐到顶顶来加以实现的。①

流传于西藏日喀则谢通门县的《五棵树上五雌鸟》的故事，把鸟卵说成是世界的源起。故事中有5只雌鸟，它们生活在奶汁大海中央的金刚岩山上，在那里有“檀香树”，树上有5个树丫，每个树丫上有鸟巢，巢内有蛋。故事不但讲到鸟、石、大海、树木、卵，而且建构出了它们之间的关系。部分故事内容如下：

5个树丫上有5只雌鸟，5只雌鸟有5个鸟巢，5个鸟巢内有5个蛋。现要说那5个蛋，一是白色海螺蛋，二是绿色松石蛋，三是黄色黄金蛋，四是红色珊瑚蛋，五是黑色黑铁蛋。打开白色海螺蛋，出来智慧格萨尔，不同壮士三千八，氆氇白衣地上拖又拖，黄碗帽子朝上耸又耸，象牙扳指来回闪又闪；打开绿色松石蛋，出来智慧森姜珠牡，不同少女三千八，绿缎衣服地上拖又拖，松石装饰朝上耸又耸，海螺镯子来回闪又闪；打开黄色黄金蛋，出来智慧本尊佛，不同僧尼三千八，黄色法衣地上拖又拖，黄色法帽朝上耸又耸，念诵佛经声音清又爽；打开红色珊瑚蛋，出来智慧屠宰手，不同屠手三千八，红色罪袋地上拖又拖，凶猛屠刀朝上耸又耸，白色羊群来回闪又闪；打开黑色黑铁蛋，出来智慧黑铁匠，不同铁匠三千八，打铁方石地上拖又拖，四方铁锤朝上耸又耸，小小铁钳来回闪又闪。黄色蛋派往达布净土，达布人性温和由此来；白色的蛋派往天空中，天空明亮清澈由此来；绿色的蛋派往大地上，大地五谷丰登由此来；黑色的蛋派往拉萨城，拉萨人群拥挤由此来；红色的

① 第司·桑结嘉措：《白琉璃除垢》（藏文），德格版本，第130-141页。转引自孙林，保罗，张月芬.藏族乌龟神话及其神秘主义宇宙观散议［J］.民族文学研究，1992（2）。

蛋派往日喀则，日喀则酒闻名由此来。①

《打狼歌》是在西藏广泛流传的一首民间故事歌谣，该歌谣也讲述了五卵生万物的故事内容。唱词如下：

打开那5个鸟蛋时，第一打开白海螺蛋，孵出一只母羊在前面走，有一只公羊跟在后面走，沙沙沙地啃吃着绿青草，它俩奔跑在那草坡上；打开那5个鸟蛋时，第二打开绿松石蛋，孵出一只公画眉鸟在前面走，有一只母画眉鸟跟在后面走，沙沙沙地啃吃着好果实，它俩飞向那门隅的地方；打开那5个鸟蛋时，第三打开花色鸟蛋，孵出一只公啄木鸟在前面走，有一只母啄木鸟跟在后面走，笃笃笃地啄食小虫子，它俩飞向那柳树林中；打开那5个鸟蛋时，第四打开金色鸟蛋，孵出一只母金翅鸟在前面走，有一只公金翅鸟在后面走，沙沙沙地啃吃着泥巴，它俩飞向那大海上；打开那5个鸟蛋时，第五个鸟蛋怎么也打不开。②

在关于马的民间传说中，存在着一种不同物种之间形成的卵，再由该卵而生马的故事。《藏族生态文化》一书对该故事有较为详细的记载，我们暂且将其称为《马出现的故事》，相关部分摘录如下：

很早以前，在冈底斯雪山和无热湖之间，有一群猴子，它们来来往往，自由自在。有一天，一只发情的猴子烦躁地站在一座高耸的岩山之上四处张望。忽然，看见一只高头长翅、十分美丽的白雕飘然落在另一座岩山顶上。猴子对它产生好感，急忙跑到它的跟前。此时，白雕变化成与前不同的生灵与猴子交欢。次日，母猴又到岩石上等候白雕，不见雕来，但见生有五枚卵。猴子将卵置于牦牛角，夏季三个月放在草丛之中，由于草秆的阻碍未能破壳，然而由此形成夏季三月护草之俗。冬季三个月将卵放在岩石崖窠之下，

---

① 林继富．西藏卵生神话源流［J］．西藏研究，2002（4）．
② 林继富．西藏卵生神话源流［J］．西藏研究，2002（4）．

卵在那里也没有破壳，却由此形成冬季三月遮盖掩蔽物之俗。春季三个月将卵放在无热湖旁边，卵在那里仍没有破壳，却由此形成了春季三个月护水之俗。于是，夏季三个月将卵放在冈底斯山脚下，在雪山冰融的溪水之边的芬芳药草和烂漫山花丛中将卵放了两个月，卵还是没有破壳。于是，猴子弃卵到林中寻食，并在林中拜谒仙人。仙人问它有何事，猴子便向仙人讲述了一年来的经历和自己的苦闷。仙人告诉它这无妨，送给它几粒药丸，并要求它住下服用神药。七日之后它返回原地，发现牦牛角变大了，其中的卵也变大，几乎占满了角内空间，搬也搬不动，便返回仙人处等。又过了七天，再去看时发现牛角膨胀裂缝，并且卵已占满牛角全部空间，更无法搬动。第二天日出时分再去看时，牛角裂缝变大，其中的卵也裂缝、接近破壳，牛角根本无法搬动。无奈，它便在一旁坐观其动静。忽然，随着一声巨响，牦牛角的一处碎裂，卵也全部破壳，从中出来五个声音巨大、毛色不同的动物，吓得母猴晕了过去。醒来仔细一看，生出的动物左右各有软弱无力的手足，并在水中游来游去。由于多次游水，手足变得硬棒结实。导致手足软弱无力的因素是角毒，它是马、牛类动物的天敌，它们出生便置于水中之俗，即源于此。猴为马之母，它要守候；雕为马之父，它要做标记，概源于此。这五个动物，其中一个毛色白而发亮，尾巴和四肢关节青色发亮，声音洪亮而优美动听，头部高昂，此为白色天驹；一个为黄色，声音优美，此为良马；一个为红色，肌肉发达，马鬃较差，行为粗鲁，声音尖细嘶哑，此为如伍之马；一个毛色淡青发黄，声音短粗嘶哑，是“蒙卓”之马；等等。在猴妈妈的带领下，五匹马驹很快长大，它们无拘无束，自由自在。有一天，它们到那位仙人跟前，也像往常一样无所顾忌地拉马粪，甩马尾，惹得仙人很生气。仙人诅咒道：为便于驾驭嘴中套上衔铁吧！脊背备上鞍具吧！成为人和神的坐骑吧！成为人的驮具吧！听到诅咒，马驹们气得飞到三十三天诸神集会之处，发狂乱蹦，放声嘶叫，诸神听到闻所未闻的声音，看到见所未见的形体，感到十分惊奇，都说："去看热闹！""看"在藏语中对应发音是"赫达"，因此马就被变音称作"什达"。在四大部洲、八小中洲之中，它无所不至，因此也就到处有马了。①

通过对一些主要的卵生说的记载和民间传说进行简要梳理，我们可以大概看到不同说法之间的差异以及相同、相似之处。归结起来，相异之处体现在许多方面，譬如，卵的数量、颜色，故事情节、内容，强调的主要事件或现象，等等。不过，这些不同之处有一个共同点，即它们多是细节的问题，同时，正如我们前文所讨论的，在某些质的方面它们则是相同或相通的，甚至在一些结构方面也是相通的，如都存在某种"初始物"，也有相应的生成物以及其他衍生物，等等。

我们需要对这些故事中相同或相通元素做进一步的分析。一般故事中都有多枚卵，或者从一而生多，这是一种自然状态下的数量特征，或者说具有某种动态的数量变化特点，譬如，故事序号1~6（见表4-1）。就颜色来说，故事中的卵也是多种多样的。大自然本身就是由多种颜色构成的，卵发生于自然，它的颜色作为一种自然的本体性特征也体现了自然，或者说对卵的颜色描述可以看作对大自然色彩多样性的一种文本叙事。由卵生发，会产生相应的生成物，包括动植物，也有其他的内容，譬如，岩石、天体、风、雷、电、露珠等各种各样的生成物，这些生成物都是大自然中丰富的构成元素。

在本书总结的绝大多数的卵生说故事中，相关的叙事都有意无意突出了石文化元素的存在。无论那些石头是山崖、岩石或者其他特定宝石，它们都构成了某种灵性的存在，并在故事中起到了某种重要的支撑和纽带作用。这种现象凸显出人与石之间的重要性、人与石之间关系的密切性。后文中对此会有进一步的讨论。

---

① 何峰．藏族生态文化［M］．北京：中国藏学出版社，2006：129-131.

表 4-1 青藏高原卵生说故事分析

序号	来源的初始物	卵的数量	卵的颜色	有无正反力量	是否生成动植物	是否生成其他自然物	主要出处	石元素情况
1	湖面堆积物	1变3	黑、白、花	有	是（母犏牛）	是（岩石）	《黑头凡人的起源》	岩石
2	五行精华	1变18	无说明	无说明	否	是（白色石崖）	《朗氏家族史》《西藏的文明》	石崖
3	五行精华	1变18	白、蓝	无说明	是（神仙们、鸟）	是（天、地）	《西藏的文明》	岩石
4	金龟	1变6	无说明	无说明	是（森林草木）	是（天空、月亮、太阳、雷、闪电、云雾、风、雨、海、土、山等）	《十万龙经》，引自孙林，保罗，张月芬．藏族乌龟神话及其神秘主义宇宙观散议［J］．民族文学研究，1992（2）	山石
5	国王南喀东丹却松与五原物质	3	发亮、黑、兰［蓝］色	有	是（野兽、畜类和鸟类）	是（山、火、风、露珠等）	《什巴卓浦》，引自张翼．藏族卵生神话探析［J］．甘肃社会科学，2018（1）	山石
6	父亲钦奔赤和母亲赤吉德聂、卵生苯女	3	无说明	有	是（鹿，等等）	是（天界，等等）	《制伏奈止法》，见完得冷智．藏族诞生礼仪研究——以青海热贡地区为例［D］．成都：西南民族大学，2020：32-36	无明确表述
7	雌鸟、海、岩石、树丫、卵	5	白、绿、黄、红、黑	有（智慧、罪、温和等）	是（羊群、五谷）	是（天空）	林继富．西藏卵生神话源流［J］．西藏研究，2002（4）	绿松石
8	鸟蛋	5	白海螺、绿松石、花色、金色	有（打开与打不开）	是（羊、画眉、啄木鸟、金翅鸟、青草、果实、小虫、柳树林）	是（泥巴、大海）	林继富．西藏卵生神话源流［J］．西藏研究，2002（4）	绿松石
9	猴、白雕	5	出五动物：白、黄、红、淡青发黄	有（仙人帮助与生气）	有（猴、雕、马、牦牛角、山花等）	是（岩石、溪水）	何峰．藏族生态文化［M］．北京：中国藏学出版社，2006：129-131	岩石、冈底斯山

我们从青藏高原特定区域内的卵生说中还可以发现其他一些重要的特征。在嘉绒藏族的居住区域内流传着四种关于卵生说的民间故事，这些故事传说虽然在内容上有所不同，但是都与当地的土司有一定的关系（详见表 4-2）[①]。这一现象表明这些故事的形成具有一定的突现性，即主要由某个人或某些小群体建构出故事要素和发展线索，并一步步汇成某一类大群体的话语表述和重要事件，并一代代流传下来，超越了个体的范畴。

在对嘉绒藏族卵生说的研究中，曾穷石发现，这些故事实际上都是关于嘉绒土司的神话，并且它们都指向了一种“嘉绒藏族的根基性情感记忆”，进而由此构成了嘉绒藏族族群认同的基础。他认为，这些卵生神话产生于清代前期，此时清王朝的主要注意力集中于西部、西北部、北部的边疆区域，对西南的一些区域投入的关注度不高，长期沿用土司治理的制度，这样，土司们也就成为当地的“土皇帝”。[②] 为了塑造和巩固本身的统治力，提升在群体中的被认可度，土司们便利用人与自然、人与神等各种关系，建构出有利于他们的各种各样的神话意象。从这一角度来分析，这些神话故事的建构可能反映了当时嘉绒藏族地区的一些社会情景。曾穷石分析指出，嘉绒藏族地区的卵生神话反映出了这样一个问题：作为当地统治者的土司并非当地的“土著”，而是从西藏琼部迁徙过去的。[③] 如果从根基性情感记忆的角度分析，那么从嘉绒藏族地区卵生故事中可以发现：在特定的自然环境中，青藏高原边缘区域的人口流动现象是存在的，其中也包含着处于少数人口状态的外来人口建构出来的某种传说神话话语，且经历了特定的社会建构过程，这些话语由个体性转化为群体性，并成为当地群体进行整体性凝聚的重要社会力量。

---

① 总结于曾穷石．“大鹏鸟卵生”神话：嘉绒藏族的历史记忆［J］．学术探索，2004（1）。

② 曾穷石．“大鹏鸟卵生”神话：嘉绒藏族的历史记忆［J］．学术探索，2004（1）．

③ 曾穷石．“大鹏鸟卵生”神话：嘉绒藏族的历史记忆［J］．学术探索，2004（1）．

以上的梳理和分析展现出这样一种情况：关于卵生的各种各样的传说、神话的生成、传播在本质上都含有一种关系的建构性。譬如，时间因素、自然元素以及各种外来的神力，这些东西被视作先天的，并具有个人和群体所不能及的能力。面对这样的能力，为了生存与发展，人们需要主动与之形成联系，并在这种联系中尝试建构出对话、沟通、协调的意象和表征，否则个体和他们所在的特定群体就很难甚至不能产生特定的本体性安全感和相应的凝聚力。因此，一个个体最初做这样的建构尝试，这对他（她）自己和其所在的群体具有重大的意义，是赋予他（她）的族人身份与合法性的重大事件。

表 4-2　嘉绒藏族四种卵生说的要素与内容

背景	卵的由来	卵的数量	卵的颜色	经过	对应土司名号
远古之世，有人民而无土司	天上降一虹，虹内一星，其地有一仙女，感星光而孕，生卵	3	花色、白色、黄色	三卵各成一子	花卵出子为绰斯甲王，再出三子：长曰绰斯甲，为绰斯甲土司，次曰旺甲，为沃日土司，三曰葛许甲，为革什咱土司；白卵出子为琼部上土司；黄卵出子为琼部下土司
菩萨化身为金翅鸟“琼”	琼于山上遗卵三只	3	白色、黄色、黑色	置于庙内供养，卵生三子，育于山上	黄卵之子至丹东、巴底土司，黑卵之子至绰斯甲为土司，白卵之子至涂禹山为瓦寺土司
荒古之世，有巨鸟，有“琼”降生于琼部	生五卵	5	红色、绿色、白色、黑色、花色	花卵出一人，熊首人身，衍生子孙，后生兄弟二人	迁于泰安，又迁巴底，兄弟二人分辖巴底和巴旺二司
只有人民而无土司，菩萨降两虹	虹内各出一卵	2	未说明	卵内各出一子，一子在大金川，一子在小金川	在大金川者名“然旦”，意为坚强勇敢；在小金川者名“赞拉”，意为凶神

三、卵生说的建构性

1. 卵生说的本源问题

张翼认为，神话母题具有一种相通性，譬如，天地之出现、人的出现等主题。在同一母题下，通过经济、文化以及人口的接触交流，会出现嫁接、结合、借用、附会等文本变异，这种变异既可以发生于外部之间的交互，也可以发生于内部的交互。也就是说，神话母题的共通性为不同文本本身的变化提供了较为优渥的土壤。基于此，张翼提出：藏族卵生母题神话的源头“是建立在地域特殊性基础上的充分进行了外部交互与内部交互共同作用的独特性结果”。①

张翼也指出，在特定的社会历史条件下，为了繁衍种群，人们与自然物之间建立起了某种关系，当看到鸟、龟、蛙等卵生动物的生殖形态，便产生了一种对于“群”化生殖的崇拜，并出现了某种“形态类比”和“属性类比”的现象，把动物的某些特性与某些现象中的特征进行对应与混合。基于此，张翼认为：从卵生神话文本流布的情况来看，其中体现了藏族先民对自然的崇拜，后融合了古印度、波斯等多种文化，并基于此形成了依据藏族文化的再创造，总体上经历了原始苯教、雍仲苯教、佛教的影响；从内容来看，神话文本经历了一个由简单向复杂的过程；从内含的意义来看，这些神话文体反映了藏族先民对“世界、宇宙的形成”“人类诞生”等起源问题的思考。②

和建华指出，从西到东（从古希腊、埃及、印度到美洲）、从北到南（从满族、汉族、苗族、高山族至大洋洲土著）都存在着卵生说故事。他认为这些传说之间不一定存在什么关系，因为世界上几乎所有的民族都会对自己世界的起源进行思考，做出解释，进行的思考与提供的解释是无法脱离动物和人类的生殖现象的。③ 可以推论：卵生说的根源问题应该对应着生殖现象和繁衍问题，也就是人类自身和自然界物种的繁衍。

从唯物论的角度来看，大自然是运动着的，人类就是在运动变化着的自然之中获取各种生存的物质，获取力量和智慧，从而实现自身的不

---

① 张翼．藏族卵生神话探析［J］．甘肃社会科学，2018（1）．
② 张翼．藏族卵生神话探析［J］．甘肃社会科学，2018（1）．
③ 和建华．东巴教与苯教“卵生说”的比较［J］．西藏研究，1996（3）．

断完善和发展。[①] 卵生说反映的是原始初民对人类起源的最初思考和认识。在远古时代，由于生存、繁衍的压力很大，对任何一个个体而言，维持自己与种群的生存和繁衍是头等大事。另外，我们也不能忽视以下这一点：大自然中的卵除了给人类的繁衍、生存带来了某些重要的启示外，还为特定的个体和群体提供了重要的食物来源，从而在体力、智力的发育上都为人类做出了贡献。[②] 从这样的唯物观点来看，卵生说也可能与人类初期的生存、繁衍状况有着密切的关系，基于此，人与卵相关的文化之间在很长的时期内被不断强调并演化开来。可以说，人来自某种卵的意象主要与大自然相关，或者说主要从自然中生发出来，大自然为其提供了基本的土壤和要素，并在此基础上与自然界的其他事物、现象、要素进一步关联，相适应、相协调。

2. 对意义的建构

有研究指出，从卵生说的意义来看，藏族卵生神话中包含着藏族先民对宇宙的某种初始的认知和理解，包含着某些原始的自然崇拜元素，同时也从侧面反映出了特定群体关于人类起源、世界形成的瑰丽想象。[③] 这种理解建立在自然为人类生存和发展提供的各类基础元素之上，同时也意味着一种出于人的主动性、能动性和创造性的建构过程，反映了人处于自然中的积极作为与积极无为之间的纠结、协调的尝试。

张翼的研究指出，卵生说反映了苯教的“器世界与情世界”的相关内容，甚至融汇了小乘佛教中的“微尘说”内容，即事物的本质始终都是“微尘之物”。从演化的趋势来看，一些卵生神话故事出现了某种进一步抽象化的现象，这种抽象可能与卵的变形与联结有关。他指出，若把卵进行符号性的抽象，那么由多个卵形成的抽象图案就构成了

① 向成国．人类起源“卵生”说意象［J］．广西师范学院学报（哲学社会科学版），2011（2）．

② 向成国．人类起源“卵生”说意象［J］．广西师范学院学报（哲学社会科学版），2011（2）．

③ 张翼．藏族卵生神话探析［J］．甘肃社会科学，2018（1）．

一种联结的状态（见图 4-1）。他认为，这种由“单一卵”到“群体卵”的意象显得十分有意味。这种状况可能暗示：特定群体关于卵的观念是联结物质与精神、有形与无形、混沌世界与宇宙形成的一种特殊的纽带。从特征方面来看，这种意象具有一种对称性，形成某种合围感或者说自成体系的循环，并不具有明显的起止形态，这种状况可能指向无始无终、循环往复的一种状态，有“大圆满”的意象。①

我们也可以从其他角度发现关系与意义的建构特征。从单一卵的观念到群体的观念的演变与联结，更像是把自然中的万物联结到一起的一种建构，卵本身就是自然中的基本元素，在此时，卵就被视为自然的本体之一，或者说卵是具有本体性的，在这一点上，众多的卵生说故事可以说是相通的。卡尔梅·桑丹坚赞也强调了这一思路，他指出，虽然世界许多地方都存在某种卵生说，关于卵的数目、形状、颜色等方面也不尽相同，但每个故事都会强调“原初人类从卵而生”②，由此形成了一种单元性的并且相互联结的状态，都关联着自然界中物种的繁衍命题。

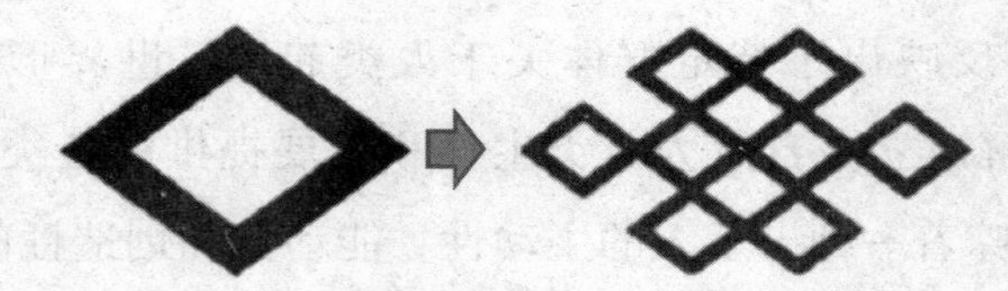

图 4-1　从单元到相互联结的卵生意象③

在一些卵生说故事中也体现出了强烈的女性意识。可以认为，女性意识的流露与大自然中一种重要的现象相关：雌性在某种程度上更加深刻地关联着大自然中万物的繁衍，关联着万物的孕育。在一个与卵相关的传说中，土家族的祖先叫作“卵玉”，她是从白云中出现的一个蛋（可视作卵的一类）中生发出来的。在故事中，她“喝虎奶长身，吃铁砣长力”，并用箭射开天地，天地由此得以分开，这样才形成了人类生

① 张翼．藏族卵生神话探析［J］．甘肃社会科学，2018（1）．

② 卡尔梅·桑丹坚赞．藏族历史、传说、仪轨和信仰研究——卡尔梅·桑丹坚赞论文选译［M］．看召本，译．北京：中国藏学出版社，2016.

③ 张翼．藏族卵生神话探析［J］．甘肃社会科学，2018（1）．

存的世界。随后，卵玉听从女娲娘娘的劝告，沿黄河而行，在行走时见有八个桃子和一朵桃花顺水漂了过来，便拾之并食下。随后便怀孕，三年六个月之后，生下八儿一女，从此世界上就有了人类。①

英雄是一个特定群体的核心人物，也是这个群体的代表人物。可以说，各个群体都需要一个或几个英雄人物来塑造、强化和凝聚本群体内的力量，并从中获得归属感和成就感。如果说卵生说与大自然和自然力量有关系的话，那么英雄人物也就与自然产生了某些关系。在人类生活的特定阶段，自然是神秘的，自然也是具有伟力的，这一点没有人怀疑。卵被建构成世界、人、神、佛、自然之间的联结节点和基点，基于此，英雄人物则不可避免，或者说是必然与卵生意象产生关联。这种关联性的生成也是顺理成章的。在长篇史诗《格萨尔》的许多版本中，都有格萨尔来自卵的相关叙事内容，譬如，在一个版本中这样写道：格萨尔是太阳神赐孕给龙女诞生的，出生时就是一枚肉蛋，长的是大鹏鸟的头。另一个版本中说：尕察拉姆怀孕十个多月，产下了一条黑蛇、一只黄金蟾、七只黑铁鹰、一只人头大雕、一条红铜色的狗，但最终都消失不见了，最后生下的是一个“像羊肚一样圆圆的肉蛋”，从里面跳出一个做拉弓样子的婴儿，这个婴儿就是格萨尔。

有研究认为，卵生意象实际上与各民族的英雄人物都密切相关。在传说故事中，这些英雄人物都具有非凡的力量，他们也具有崇高的地位，并都是通过自己的能力来书写或者改变历史的。向成国指出，诸如这样的神话传说故事基本上是从具体的人物出发，或者说故事指向的是具体的人，但最后却指向了“叙说者那个民族”，同时，故事叙述的虽然是具体的事件或现象，但其背后却是对那个民族历史的书写。② 因此，这种建构一般是从个体出发，最后发展成一种群体社会现象的

① 向成国．人类起源“卵生”说意象［J］．广西师范学院学报（哲学社会科学版），2011（2）．

② 向成国．人类起源“卵生”说意象［J］．广西师范学院学报（哲学社会科学版），2011（2）．

历程。

我们可以从多种多样的卵生说中较为清晰地找到人与自然之间某些关系的痕迹，甚至可以说许多故事中都充满了人与自然之间的丰富关系。对这些关系的描述似乎成为这类故事的一种刚性话语存在。至此，我们可以做出这样的简要归纳：特定的群体在与自然打交道的过程中，必然会面临着人与自然的关系问题，而且必然会出现两者关系的建构，这种建构存在着从个体到群体的演变或生成过程，这意味着这种建构过程可能对应着相应的突现过程。

在藏族文化中也有一些关于龟神的传说。孙林等人指出，简单地以自然环境来说，青藏高原大部分地区并不适合乌龟的生长，只有处于青藏高原边缘的一些区域内气候较为温和，为乌龟生长存活提供了一定的可能。但如此的限制性，并未阻断通过乌龟实现人与自然之间关系的建构，而且其中也可能体现着一种突现的问题。

与乌龟相关的传说故事存在着不同的源流，主要可分为三大系统：民间的、苯教的和佛教的。三大系统中虽然乌龟的作用有不同之处，但它们都有一个共同点，即都包含宇宙守护者的角色成分。在佛苯之说中均存在这样一种元叙事，即“宇宙之卵”是由乌龟所生的，卵双化生出宇宙双鹰，双鹰又生出黑、白、花三卵，遂生万物和不同的神灵。①这样的传说实际上是与其他卵生说相关联的，如想象中的“大鹏鸟卵生说”。

第三节　卵生说与石文化

孙悟空从灵石中横空出世也是卵与石文化关系的经典叙事。在《西游记》第一回写道：在东胜神洲的傲来国花果山顶上有一块灵石，

① 孙林，保罗，张月芬．藏族乌龟神话及其神秘主义宇宙观散议［J］．民族文学研究，1992（2）．

这块灵石“每受天真地秀，日精月华，感之既久，遂有灵通之意。内育仙胎，一日迸裂，产一石卵，似圆球样大。因见风，化作一个石猴。”[①] 此时，卵孕育于灵石之中，卵就是仙胎，而灵石迸裂后，卵得以呈现，而且是石卵，此石卵见风而化作石猴。从这一过程来看，灵石就是卵，卵就是灵石，而石卵与石猴可以直接转化，转化的媒介也是自然之物。这里显然呈现了一种大自然万物归一的指向。

在梳理和分析的卵生说故事中，我们可以较为容易地发现这样的或相类似的叙事指向。就卵生说故事中的石元素来说，在我们所列的 9 个故事中（见表 4-1），只有 6 号故事没有明确提到石元素，因此可以说在绝大多数故事中都有意无意突出了石元素的存在。无论这些石头是山崖、岩石或者其他特定的宝石，它们都构成了故事情节的重要组成部分，也代表着某种灵性的存在，并起到了重要的支撑和纽带作用。这种叙事表现出石头作为大自然中的重要元素对人类文化生成的某些影响，人与石之间的关系通过人类的建构而得以极大地丰富，不同群体也从中不断探索着某些精神世界和未知领域，支撑着内在世界和群体内的整合。卵与那些特定的灵石在这一维度上达到了取向上、目标上的协调。

在《马出现的故事》中，我们可以得出更多的信息。在该故事中，虽然交代了猴为马之母，雕为马之父，但一步步的故事情节显示的却不是一般寻常的逻辑：母猴在初次相见后再去找雕，不过并没有见到，但在岩石上见到了五个卵。该逻辑表明：这些卵并不是由母猴所生，那么是不是雕所产的呢？按理雕产卵是正常的，但其中偏偏设定了雕为卵之父这样一个角色，那么如果说雕产卵则会过于牵强，也不符合常规认知。所以，这里的雕可能只是一种隐喻或者“父”的化身。这些突然出现的卵更多指向的是一种可能，即“天生之卵”，或者也可以说与那块特定的岩石有关，这与《西游记》中的神石生猴有着相似之处。

我们可以再稍做扩展。如前文所述，考虑到人与自然的关系，尤其

---

① 转引自向成国．人类起源“卵生”说意象［J］．广西师范学院学报（哲学社会科学版），2011（2）。

是某个群体为了在自然中获得本体性安全和集体的凝聚力，必须把与自己最接近，或者对自己最为重要的自然元素进行加工建构，拉近自身与它们之间的关系。按这样的思路，由于故事中的灵石是天地造化之物，所以我们就可以理解，卵生万物的发起点不会也不能绕过石文化。

第四节　卵图案与石文化

在本部分，笔者将从不同角度对具有“卵生”寓意的石文化进行解读。讨论针对的是一块具体的图案石，此石并非出自扎西乡，但由于人们对图案的理解并不会因为石的产地而产生大的差异，因此并不会影响当地人对其中寓意的理解和表述。这些理解和话语表达主要反映了基于他们关于“卵生说”的知识、认知，并融入了他们自己的解读，我们从中可以捕捉到人与自然之间关系的重要建构特征。同时，为了进一步增进对扎西人“理解的理解”，笔者有意选取了几位藏学专家和西藏文化学者对其中的寓意进行解读，以更好地开展对比性分析。

一、卵图案石与文化构建

2022年年初，笔者从一位从事奇石生意的四川商家那里获得了一块图案石，此石重8公斤，石形完整，整体呈扁圆形。石的一侧有一个造型奇特的完整图案（见图4-2，文中均称为“卵图案石”）。在没有给出任何提示和暗示的情况下，笔者请扎西乡当地人对此石的图案进行了解读。问题是：“如何看待这块石头和上面的图案？请说出您自己的理解。”在提问前，笔者给出了问这一问题的原因，即开展学术研究，不会用于其他目的。

为了进行对比，形成更多启发，笔者同时也向几位学者发送了照片，请他们从藏族文化的角度进行解读，并说明了笔者的意图，也未做任何提示。

图 4–2　卵图案石（摄影：赵国栋）

1. 专家学者的解读

（1）专家解读一（藏族，拉萨藏族文化学者，访谈时间：2022 年 2 月 23 日）

首先，从科学的角度来讲，这是一块普通的石头，但对收藏人士来讲的话，它的花纹就是非常有特点的，是一块非常值得收藏的石头。其次，从它的图案来看，可以从这个图案里发现非常重要的内容，非常接近藏传佛教的某些重要画面，尤其是从藏传佛教后期的绘画风格来看，有护法神的某种构图，表现在外圈有烈焰，然后有背光，中间有主尊。

从结构上讲，它与宗教信仰这一块儿相对应，特别与藏传佛教相接近。石头的画面整体构图非常有特点。如果这块石头在寺院中被喇嘛抹上酥油，或者藏传佛教的相关人士拿到这块石头的话，在藏语里会称为"壤嚼壤琼"。什么意思呢？可以理解为"天然生成"。比如说，天然生成的释迦牟尼像叫"酋壤嚼"，天然生成的莲花生大师像叫"古瑞姆琴壤嚼"，或者叫"古壤嚼"。当然这个本尊特别像一只鸟，在藏族地区的早期苯教里有一种鸟叫"琼鸟"，它是一只神鸟。象雄文化和苯教文化相结合的源头就是琼鸟的卵。由琼鸟的卵延伸出了苯教的祖师敦巴西热米瓦这一家族。我们叫穆氏，象雄的早期王权是穆氏家族，是苯教始祖这一家族的供养者。所以，根据此石的图案花纹，从象征文化的角度来讲，它是一块很有特殊性的石头。

如果一定要给它起个名字的话，在藏文化和藏传佛教里，我们应该称它为“冲壤琼”，意思应该这样理解：就是天然生成的琼鸟神的唐卡或者壁画。这样理解应该是比较贴切的。

如果只从这个图案来看，我觉得不但像琼鸟，而且很像一只琼鸟侧面的像，并且它有脚。琼鸟是苯教的，在藏传佛教里面有什么呢？有大鹏金翅鸟，所以它也可以叫作“大鹏金翅鸟的天然生成像”。在苯教里和藏传佛教里均有相关的说法。

这个图案具有藏传佛教绘画风格上的一些特征，甚至可以说特别接近。在藏传佛教后弘期，尤其是在 14 世纪、15 世纪产生的唐卡画风，或者壁画的绘画风格，比较奔放，比较自由，如它外圈的火焰，就是噶孜派的一个特点[①]，特别是有护法神的一些特点。图案中还有背光，有主尊，主尊本身具有一定的三维视角，这些都是藏传佛教中后期噶孜派的绘画风格，非常相似。

（2）专家解读二（西藏阿里某文化学者，退休干部，访谈时间：2022 年 2 月 23 日）

这块奇石图案确实非常与藏文化接近，我们可以从许多角度来说。不过我觉得可以主要从人的产生来解读，我们可以把这个整体图案看作一个关于生命起源的图案结构，里面的居于中心的图案可以看作胚胎在子宫里生长。

（3）专家解读三（西藏民族大学教授，藏族，访谈时间：2022 年 2 月 24 日）

这块石头上的图案很有意义。如果竖着看，那么它呈现出水旋的图

---

① 噶玛嘎孜画派是三大古老画派之一，并传承至今，曾经的贵族画派，有着王者的风范，创始人为南喀扎西。有人主张，噶孜派是西藏绘画中艺术成就最高的画派，充分吸收了汉地工笔画和西藏本土绘画的精华。由于噶孜派唐卡产量低，大多是定做绘制，很少有作品在市场上销售。（王瑞．唐卡的收藏与鉴赏［M］．北京：中国书籍出版社，2013：20.）

案，是大自然中很微妙的一种产物。如果横着看，那么这个图案特别像护法神的眼睛，很传神。

还可以把它看作一种供奉的佛龛，也是有意义的。

再往深层理解，可以从宗教和传说的角度来讲，如卵生世界的传说。

（4）专家解读四（西藏知名历史文化学者，访谈时间：2022 年 2 月 25 日）

从藏族文化角度来说，图案具有藏族生活化的内容。它与藏族的转山活动似乎可以建立起某种关系，周边似一个个小的人物，路径上整体呈现椭圆形，而中心则是神山或主尊的构型。

另外，也可以看作锅庄，人们围在一起，并且有运动感，也是有这种意象的。总之，它可以和藏族生活文化建立起某些关系，它的图案具有天然生成的生活性的骨感，是立体性的。

这是我的一个整体感觉，我觉得应该是这样的，因为西藏文化是从神话时代开始一脉相承的，必然在现实社会存在映射。

（5）专家解读五（某科学院物理学专家，访谈时间：2022 年 2 月 25 日）

从文化角度来说，因为对藏族文化不是很了解，所以我不是很清楚。图案有一定的特殊性，大自然中能够形成这样的图案真的是大自然的杰作。如果从寓意上来说，我觉得可以把这样的图案看作某种灵力的展示，尤其是地球的灵力，因为力是有构造的。

2. 扎西群众的解读

通过对扎西乡群众访谈发现，他们的一些认识与专家学者的解读存在一定的差异。这些差异可以说是意料之中的，因为普通群众与专业人员之间不可能在观点和认识深度等方面完全对应。同时，他们的一些观点也有共通之处，表明了专家学者和普通藏族群众对藏族文化的一个共同认识，或者说可以反映出藏族文化的一些基本内容和构成，这些文化内容和构成被广泛传播。不过，我们更关注扎西群众那些更为生活化的观点和表述，其中蕴含着人们与自然、社会更为直接的关系，也可以反映出这些关系的状态。

（1）扎西乡群众一（乡里的医生，山南人，访谈时间：2022 年 2 月 24 日）

我对石头不太懂，不知道这块是不是玉石，也不知道是不是值钱，但是看样子不错。从上面的图案来说，我可以看出来上面有佛光。有佛光当然好，是非常吉祥的。有这种图案的石头应该也是吉祥的、有功德的。

（2）扎西乡群众二（当地人，藏族，28 岁，访谈时间：2022 年 2 月 23 日）

我在这块石头上看到了非常有特点的图案，它边上有花纹，这有点像我们藏族文化中的某些东西，还有点像某种唐卡。中间那个圈圈一样的图案，对我们藏族来说的话，像一个人物，或者某种动物。但是这块石头里面是不是有什么东西，是不是有玉石，我不知道，我有时间问一下我的长辈们。

（3）扎西乡群众三（当地人，牧民，藏族，访谈时间：2022 年 2 月 26 日）

这个图案如同我们的圣湖一样，看上去很神圣，是不一样的。周围的图案就像是圣湖里的波纹一样，如同湖里的波浪一样，尤其是刮风的时候，更像。

（4）扎西乡群众四（当地人，牧民，藏族，45 岁，访谈时间：2022 年 2 月 26 日）

这个图案有点像手指头，尤其是大拇指按手印时的形状。每个手指肚上都有图案，这个就特别像。我觉得它好像是一个象征誓言的东西，应该是不能乱动的。

（5）扎西乡群众五（当地人，藏族，在乡卫生院上班，30 岁，访谈时间：2022 年 2 月 26 日）

我看不出这块石头的好坏，我建议的话，要把这块石头切开，然后看看里面有什么玉呀，或者什么值钱的东西，这样才能判断。不然这样看的话，这上面虽然有个图案，但如果不是玉的话，也不值钱啊。

（6）扎西乡群众六（当地人，藏族，牧民，50岁，访谈时间：2022年2月26日）

我看这块石头最不一样的地方是上面的图案，我觉得这个图案和火焰有些像。火和我们的生活关系最大，我们都知道，火焰的形状也是我们认为非常好的形状，可以保佑我们。这块石头上的图多像火焰啊，就像火焰一样在四方，向着四方，好像有一种力量一样。这应该是非常好的一种象征。

（7）扎西乡群众七（当地人，藏族，牧民，52岁，访谈时间：2022年2月26日）

在石头图案的中间那里，我觉得是一个人的样子，是一个最初状态的人，然后外面这个形状好像是孕妇的肚子。差不多像是孕妇在那里，是在准备孕育生命，就是人在出生前的样子。

二、对解读的解读

从扎西乡群众的访谈中，我们可以归纳出几类答案，每种类型的回答具有特定的含义，要理解这些特定的含义，需要从当地人的角度出发，对他们的理解进行解释。

1. 佛——文化与自然中的产物

扎西乡有浓郁的宗教文化氛围，在扎西乡境内有多座寺庙。色热龙寺是扎西乡的一座重要寺院，位于玛旁雍错的东岸，建于1728年（藏历阳土猴年），由止贡噶举派成道大师贡觉久赞受恩师止贡其确赤列桑布之托，在其恩师逝世十周年之际建成。寺内主供的是赤列桑布像。关于该寺，在扎西乡当地存在着大量的传说。据说（县志中亦有记载），那里还供藏着释迦牟尼佛的舍利、莲花生大师修炼而成的利佛甘露之五种伏藏、大译师拜若杂纳的手抄本、婆罗门七世的肉身、噶举派大师仲敦杰瓦迥鼐的一缕发辫、达布拉杰的坐垫、曲杰平措大师的肉身及其花白的发辫等。1984 年，国家出资对该寺进行了重建。①

楚果寺位于玛旁雍错西南岸，从那里可以直接眺望西北方向的神山。楚果寺的周围也曾有过小型的交换贸易市场。据史料记载，阿底峡大师朝拜圣湖时，在当时的一个圣洞内逗留了 7 天，留下了足迹。13 世纪初，噶举派著名大师郭仓巴探转神山、圣湖时，在楚果寺内修行了 3 个月，此后该寺也成为噶举派的修行、念经、成道的重要场所。1987 年，国家投资对该寺进行了修复重建。

除了扎西乡境内的寺院外，在不远的扎西县城周边还有多座有名的寺院，这些寺院对扎西乡人来说也非常重要。每逢节日或有重要事情，扎西人常到那些寺院祈祷，也会请僧人们开展一些法事活动。

贤柏林寺曾经是阿里地区最大的寺院，在发展高峰时寺内僧众曾达 300 多人，有僧舍 250 间。寺内建筑精美，经堂建筑宏大。2016 年笔者前去探访时，仍然可以感受到曾经的那种精美和气势。现有的寺院建筑是在原址基础上重建的，虽然规模已经小了很多，但整个寺院雄踞山顶之上，仍然俯瞰整个县城，那些古建筑的断垣残壁仿佛仍在诉说着曾经的辉煌。在个别房间和佛堂的墙壁上还保留着一些精美的壁画。一座经堂的屋顶上还悬挂着野牦牛头和整只狼的模子（在狼皮内填入干草制成）。

古宫寺位于扎西县老县城的西侧，在县城主址搬迁之后，现位于新县城的东北侧。全寺整体位于山腰的悬壁上，由崖壁上的许多洞窟组成。寺中供奉着“孔雀公主”云卓拉姆的塑像，也保存着较多的壁画。在寺外的山崖上挂满经幡，随风飘舞。在扎西县境内流传着孔雀公主与洛桑王子的凄美爱情故事，该故事中，“孔雀公主”就是从古宫寺中飞升上天的。也有当地的老者说，他们小的时候都不敢进入寺里，因为据说那里面放着一整张人皮。在讲述时，他们的脸上都露出有些恐怖的表情。扎西县的许多当地人都以洛桑王子的同乡、臣民或后代自居，对古

---

① 西藏自治区阿里地区扎西县地方志编纂委员会．扎西县志［M］．成都：巴蜀书社，2011：409.

宫寺显得非常虔诚。

在扎西县影响最大的寺庙应该还是科迦寺。科迦在藏语中有“家园”“定居”之意。科迦寺位于科迦村，距尼泊尔边境和印度边境都很近，称得上是对中国西藏、印度和尼泊尔都非常重要的一座寺庙。在扎西县当地的传说中，一位高僧在运送一尊文殊菩萨塑像的时候来到了此地，菩萨塑像突然开口说话，说要留在此地，于是人们就地建造起了大经堂，由此也有了科迦寺的寺名。另外一个故事讲道：据说以前嘎尔东一带的人们擅长制造佛像。有一天，人们用马车从那里运送一尊观音像到了孔雀河边，此时马车被一块大石头卡住，无论用什么办法也无法通过。人们为了让菩萨像有所居地，便在此地建造了寺庙，取名为科迦寺。还有一个更为完整的传说。据说在 11 世纪时，有 7 名印度的云游僧人在嘎尔东地区进行佛事活动，最后留下了 7 大包的银子，扎西王询问大师该如何处置，最后决定行善积德。于是，扎西王便动用了大量的人力和财力在嘎尔东建造了规模宏大的宫堡与色康大经堂，把银子供于其中。不久后，扎西王取出 7 包银子，请尼泊尔工匠阿夏大玛和克什米尔工匠旺古拉等制造一尊世间罕见的文殊菩萨像。建造完成后，扎西王让仁钦桑布大译师进行开光加持，随后将其放在一辆木轮马车上运往嘎尔东的色康大经堂。当木轮马车到达杰玛塘中央时，受阻于阿莫利噶巨石，此时文殊菩萨像忽然开口说话：“吾依附于此地，扎根于此地。”人们非常高兴，因为菩萨开金口了，这是祥瑞之兆。于是就地建起了“意希那伦珠”经堂。到了拉德王时，又给佛像制作了价值连城的宝座。科迦寺成了重要的名寺，人们纷纷来朝拜。①

这些传说故事常常被这样解读：科迦寺是菩萨决意留在那里的一个证据，人们相信是菩萨要保佑那里的人们，这是一种天意，是神佛对当地人的照顾，所以人们对科迦寺和那个关于卡住车的石头都非常虔诚。

从以上信息我们发现，扎西乡和扎西县有丰富的宗教文化，人们长

① 西藏自治区阿里地区扎西县地方志编纂委员会．扎西县志［M］．成都：巴蜀书社，2011：408.

期浸淫在宗教文化影响之中，在日常生活中为了更好地获得生存和生活机会，更好地处理精神世界与外部世界，尤其是与自然环境之间的关系，人们又不自觉地在宗教与自然之间建构起了某些关系，通过这些关系，人们在实践中调适着思维、判断和行动。在春季来临时，科迦村的人们就要着手开始准备春耕工作，人们先要从科迦寺中请出一尊菩萨像，抬着菩萨佛像围着土地转圈，开展仪式，以此来祈福，希望大自然能够风调雨顺，让所有的土地都有一个好收成。在季节交替之际，扎西乡的牧民们需要赶着牛羊转换牧场——当地称为“转场”。在转场之前，人们要先去寺庙中请僧人进行占卜，择定吉日。有人去世的时候，也要先去寺庙告知，并请喇嘛念经祈祷，之后再择定日期进行葬礼（当地多为天葬），以让逝者的灵魂升上天国。

可以说，扎西人在这些寺庙和相关传说中找到了自己生活的支撑，体验着生活的意义，在这样的背景下，一旦有石头上显示出某些与寺庙或相关故事有关的图案，这些图案就可以把扎西人的这种文化的积淀映射出来，所以有人说这个图案像是佛像或有宗教的因素，这可以看作一种自然发生的事。

2. 波浪——自然的神性

在扎西乡境内和附近有三个较大的湖泊，其中玛旁雍错和贡珠错位于扎西乡辖境内，另有拉昂错虽未处于扎西乡辖境，但距扎西乡政府所在地并不远，并紧挨着玛旁雍错。三个湖泊对扎西乡人来说都有着重要的意义。

扎西人最推崇玛旁雍错，称其为“神湖”。玛旁雍错处于冈底斯山与喜马拉雅山脉西段主峰纳木那尼峰之间。湖面整体呈椭圆形，面积超过400平方千米。关于最深处的确切数字，目前仍有多种说法，主要介于77~88.8米，平均水深约为46米。玛旁雍错水质良好，有非常高的通透度，为阿里地区最大的内陆湖泊，也是世界上高海拔地区少有的巨大淡水湖之一，蓄水量达200亿立方米，远远望去，颇为壮观。

拉昂错位于玛旁雍错以西，也被称为“里昂错”“拐湖”，不过被人们称呼最多的还是“鬼湖”。拉昂错湖面面积约为268.5平方千米，水面海拔约4572米，比玛旁雍错海拔低了近20米。关于拉昂错的水深问题，扎西县人说没有人知道它到底有多深。这也是当地人称其为“鬼湖”的原因之一。据扎西县的县志记载，1906年，瑞典地理学家赫文·斯丁曾尝试测量其深度，但并未成功。① 拉昂错的湖水是半淡半咸的状态，人畜无法饮用，而且湖的岸边及周围山坡上的植物非常少。这一点也可能加剧了其神秘感。也有人说，湖里居住着一只巨大的生物，可能是巨大的鱼，也可能是恐龙。在湖的周围，分布着大片良好的天然牧场，这些牧场为扎西县人提供了重要的生计支持。当地人坚信，拉昂错与玛旁雍错原来是连在一起的，后来由于地质变化和气候的影响，整体水位下降了，才一分为二成为现在两个不同的湖。甚至有人说，在两个湖的底部还存在一条河，将两者连接在一起。

贡珠错位于扎西县的县境东部，整体呈东西的长条状，湖面海拔为4760多米（也有4790米的说法）。贡珠错是一个咸水湖，也是扎西县境内最大的咸水湖。虽然是咸水湖，但湖的周围也分布有优质的天然牧场。据扎西乡的群众说，从前贡珠错中住着一条体型庞大的鱼，但具体是什么鱼无人知晓。有一天，这条鱼浮出水面后却再也无法进入湖水中，无法沉入水底，于是它就来到了玛旁雍错，但在那里也无法下沉入水，于是它又从玛旁雍错来到了拉昂错中，才最终把自己沉入水中。在采访中还有人说，有当地施工的人在拉昂错中见到了那条巨鱼游出水面。

无论是“圣湖”玛旁雍错，还是“鬼湖”拉昂错，抑或是神秘的贡珠错，它们在扎西县当地，特别是在扎西乡人的眼里，都是神圣的，是大自然给予他们的守护者。湖中的任何东西都归这些湖泊所有，哪怕是一块石头也不例外。也正是这样的原因，所以才有了笔者所讲述的发生在那里的一个个故事。

---

① 西藏自治区阿里地区扎西县地方志编纂委员会．扎西县志［M］．成都：巴蜀书社，2011：33.

湖水的波浪就是这些湖泊的外在形态，也是它们发出的声音，就如同人在说话或者歌唱，这些声音就是湖泊作为一个生命体存在的证明。在当地人看来，一个湖泊波浪的大小也与他们密切相关。如果波浪过大，人们就会害怕，要反思是不是做错了什么事，即使出去放牧也要小心翼翼。此时，牧民们一般会做一些准备工作，以应对大风或暴雨的袭击。这样，观看湖中的波浪情况也就成了扎西乡人预测天气变化的重要手段。

与转山、转白塔相似，转湖是扎西人重要的日常活动，同时也是他们锻炼身体的重要方式。通过徒步转湖，甚至是磕长头转湖，人们不但在这个过程中锻炼了身体，而且表达了他们对湖泊及其神圣性的尊敬和崇拜之情，这样有利于促使他们内心的安宁，获得一种安全感。通过这样的过程，人们相信可以洗掉自己和家里人身上的罪孽，并得到宽恕。通过转湖仪式，神山和圣湖就会保佑当地风调雨顺，也不会发生特别大的自然灾害（至少不会摧毁人们的家园）。2016年，笔者在参加向牧民群众宣传防震抗震知识的时候，很多牧民都表示他们不需要那些宣传材料，也不需要学习那些躲避和逃生的技巧，他们的理由是：那里有神山和圣湖在保佑着他们，不会发生大的地震。

“圣湖”玛旁雍错位于扎西乡境内，所以扎西乡也是印度朝圣者们常去的地方。玛旁雍错在印度佛教和印度教信徒中有非常大的影响力。信徒们相信：“圣湖”的湖水具有某种法力，能够消除灾祸，给人带来吉祥。每年夏季期间都会有大量的信徒从印度和尼泊尔来到“圣湖”景区，一些执着虔诚的信徒来到湖边，一般会在湖中沐浴，并把身上佩戴的首饰、装饰或其他贵重的东西撒向湖面。返回时，人们要从湖中取一些水带回去，送给自己的家人或者亲朋好友。在他们看来，玛旁雍错的湖水便是来自天上的圣水。这些现象也深深影响了扎西人。

3. 指纹——存在的表征与信念

在许多文化中，指纹都被视为一种身份的标签，被认为具有法律效力，按手印留下自己的指纹，就成为民间最重要的一种承诺方式。以此来看，指纹在多种文化之中是被当作一种信念的表征，代表着主体本身以及主体的责任和义务。

清代时，西藏存在一些地方政府官办的旧式教育机构，主要有僧官学校、俗官学校和医算学校，但能上这些学校的人全部是贵族、官员家的孩子。民国时期，西藏的小学教育有了一定程度的发展。1939 年夏，“国立拉萨小学”正式开学。1949 年时，该校学生有 300 人，但藏族学生较少，主要为汉族学生。在清末至民国时期，一些帝国主义国家在西藏开展了以“文化教育”为名的侵略活动，建立教会学校，设立贵族英文学校。

整体来说，在西藏和平解放前，西藏的教育事业是十分落后的，能够接受教育的人很少。当时全西藏只有 6 所旧式官办学校和少量私塾馆所，在校学生只有千人左右，而学龄儿童的入学率只有 1%左右。寺庙中的情况也并不理想，譬如，西藏三大寺庙之一的哲蚌寺洛色林扎仓 1949 年时有 4000 多名僧众，其中文盲、半文盲率占 80%，这一情况表明即使在社会地位较高的僧侣阶层中，占绝大多数的中下层僧侣也无法接受教育。地位低下的普通人、受压迫的农奴和奴隶甚至根本没有受教育的权利。据统计，当时西藏人口的文盲率达到了 95%。因为不识字、不会写字，所以普通百姓常因此而备受欺凌，如在写借据时，常出现借一写十、借十写百的情况。①

在这样的情况下，扎西乡作为一个偏僻的纯牧业乡，那里受教育的水平比普通农牧区还要低，对大多数普通人和农奴来说，不认字、不会写字是常态——他们不具备使用文字来表达观念或书写契文的能力。由于没有运用文字的能力，扎西乡当地人只能用代表身份的指纹来表明权利和职责，这就是按手印。如此一来，手印就是他们存在的一种表现——既在他们的社会中，也在自然之中，因为一切关于草场、关于牛羊、关于那里野生动物的事，都要通过手印来实现界定和归属。

---

① 吴德刚．中国西藏教育研究［M］．北京：教育科学出版社，2011：49-54.

沿着这样的分析来看，一些扎西人把卵图案石上的图案解读成指纹有其自身的合理性。基于图案的画面构成与指纹有一定的相似性，扎西人对此进行了联想和建构。指纹作为他们的祖辈人存在过的象征以及他们自我认同、自我表征的一种重要形式，在扎西乡地方形成深刻的文化记忆。由此，可以认为，把这块卵图案石上的图案表述为指纹图案的根本原因可能仍在于扎西人传统的生活状态、身份表征以及某些集体性的文化记忆。

4. 火焰——文化的通用性

火焰在藏族文化中是一种特殊的符号，也占据着重要的位置。在藏族文化中，火焰具有某种神圣性。在一些地方，牧民在放牧途中或外出吃饭时，要用三块石头作为支架，支起锅灶，点火做饭之前还要进行祈祷，以表示对火神的尊敬。在用完火之后，一般还要进行煨桑活动，袅袅升起的白烟代表着对火神的感谢和告别。笔者在调查中发现，在扎西县的科迦村的老住房的厨房墙壁上还保留着人们祈祷用的一些图案。在这些图案中，有的是用糌粑直接在墙体上粘出一个个的小圆圈状，这些小圆圈就代表着神山圣湖，也代表着用火过程中的一种仪式。在火焰的燃烧过程中，不能随便把一些东西放进火塘，如人们认为不洁的毛发等，如果这样做，就会玷污了火的神圣性。

在青藏高原，煨桑的习俗广泛存在。煨桑也被称为“烟祭”。煨桑的方法是用火点燃一些香草、小树枝等易燃物，待火焰燃旺时再向上加入一些糌粑，这样就会形成大量的白烟，人们以这种白烟来表达祈福、保平安、去污秽等愿望。据说，煨桑的最初成因与狩猎和战争有关，因为两种活动都会沾染上血腥，人们认为参与者身上就会存在某种污秽，所以要以烟去污秽，以防止传染给家人和家畜，避免引发灾难。①

在扎西乡，家家户户都饲养牦牛和犏牛，所以牛粪非常丰富。同时，牛粪也是那里利用率高而且非常重要的资源。之所以重要，是因为

① 何峰．藏族生态文化［M］．北京：中国藏学出版社，2006：280.

牛粪有多种用途，如垒墙、做炊事燃料等，而后者之意义更为明显。扎西人几乎全部用燃烧牛粪的方式取暖、熬茶、做饭，甚至牛粪的火炉子一年四季都要燃着，以抵御那里的寒冷天气。正是由于这种重要性，牛粪在那里被赋予了极为重要的意义。

在藏医中，火被视为世间五种元素中的一种，与土、水、风、空四者一起支撑着世间的一切，它们是世界的本源之物，万物皆由这五大元素构成。人体功能及发生的一切病变皆由这五种元素引发。藏药、藏医根据这种认识而演化出许多医治理念。前文已经介绍，据苯教经典《斯巴卓浦》记载，从五种本源物质中生出黑、白两个卵，并由此而出现了人类。据此可知，在藏族文化中，火与世界、人之间存在着密不可分的关系。

笔者在扎西县当地发现了一些保存较好的与火相关的标识和图案，它们有助于我们进一步理解火焰在扎西文化中的地位。在科迦村的一座保存较好的老屋内，笔者发现了一些茶叶标识，多数标识仍然张贴在墙壁上，一些则在木柜里。这些标识有一个共同特征，就是上面都绘有与火焰有关的图案，如“宝兴茶　荥经精制厂”标识（见图4-3），和“康定茶号”（原字为“號”）标识。对两个标识的时间考证表明，它们主要在20世纪上半叶使用，标识对应的茶叶最主要的消费地就是以西藏为主的民族区域。茶叶对藏族群众的饮食有着极为重要的作用，被人们视为生活的一部分。① 可以认为，茶叶标识中使用火焰的图案，表明它是受到人们的高度重视的。同时，当地文化中也把火的图案视为吉祥图案。② 对扎西乡人的访谈也证实了这种观点：扎西县当地人把这种火焰图视为一种最好的保佑。③

通过这样的分析，我们就很容易理解扎西乡群众把那些与火焰的外

---

① 赵国栋．西藏茶文化［M］．拉萨：西藏人民出版社，2018.

② 关于火焰图的具体分析，详见赵国栋．共享与互构：藏、川、滇三地茶叶标识“火焰图”分析［J］．农业考古，2021（2）。

③ 访谈地点：扎西县拉萨茶馆内。访谈人：赤德村的两位老年村民。访谈时间：2019年8月。

图 4-3 科迦村的“宝兴茶 荥经精制厂”标识（摄影：赵国栋）

观和形态有某些相似性的图案看作火、理解为火的现象了。这些现象和人们的理解的存在既表明了当地对火文化的保留与传承，也表明了在特定的历史时空下，人们与大自然相处的特定的过程及方式。因此，把某些与火焰有一定相关性的图案首先描述为火焰，可能暗示了在描述者的潜意识中是高度重视火焰及其形态的，这些潜在的影响——主要是文化的和人与大自然关系的，在深刻地影响着他们的认知与行动选择。

5. 对其他解读的解读

有扎西乡村民指出图案像孕妇的肚子，这可能暗示了他们具备一定人类繁衍的医学知识，并可能引发了他们的思考。但并不应该夸大这种可能，因为在任何时代，人口繁衍问题都是头等重要的大事，所以具备一些基本认知和知识储备是必要的。人口问题是扎西乡社区的首要问题，生育问题也是人们最关注的。在传统社会中，扎西乡的生育问题只能靠长辈和亲戚、朋友，并没有专门的医院开展接生、护理工作。在那里，与生育相关的知识主要是人们自己总结出来的一些地方知识，并以其为主导支配着当地的人口生产实践。这种知识依靠人与人之间和代与代之间的口耳相传，实现代际传播和传承，以此保证当地的人口繁衍。人口生产是保证牧业生产、社区持续的基础。在扎西乡高原低氧情况下，人口生产的受限性更大，这也决定了扎西人总结出来的那些知识更为重要，是人们应对环境挑战、保证人与自然关系得以持续和协调的重要武器及方法。

一些人更关注石头中有没有"东西"，直接提出石头是否值钱的问题。从中我们可以感受到市场文化在这些人头脑中的影响。在扎西乡当地存在着以各类玉石牟利的现象（后文中将就此进行专门介绍和讨论），这样的行为对一些扎西人产生了一定的影响。

扎西乡有玉石的消息很快传播开，一些外来做生意的商客听说后，便到周围的河边和山里去寻找，他们中的许多人因此获得了大笔钱财。这一情况又进一步刺激着扎西人的神经，一些村民也开始利用放牧的机会捡石头，目的是找到好的玉石，然后卖出好价钱。那些主张切开石头看是不是好玉石的观点主要是基于玉石市场化的现象形成的。人们认为好的玉石是藏在里面的，所以要切开看看才行。关注石头市场价值的观念在年轻人当中颇为流行，而它显然与扎西地方传统的观念是不相符的。

总体来看，专家学者对这块石头图案的解读似乎更为深刻，与藏族文化的文本知识、形式方面的诸多内容更有相关性，这表现出他们对文献资料的掌握，对藏族文化从学术角度的理解。扎西乡藏族群众的理解、解读与专家学者们的解读存在某些一致性，譬如涉及卵生万物的故事，不过，他们之间也存在许多不同之处。扎西人更倾向于从直观和感觉上进行解读，并把这种图案与身边的东西相对应、对照。可以发现，在这些现象的背后，是他们与大自然关系的一种表征。这种人与自然之间的关系，在本质上正是专家解读的文本内容、形式内容的另一种实在表现。如果把人与自然关系的建构作为一种理解的内核，那么扎西人的感性表象其实更接近生活的本质。

本章小结

卵文化与石文化在扎西人的生活中有着密切的联系。这种联系建立于人与自然之间张力的原初思想以及相关实践之上，并不断演化、交融，逐渐从某种小群体，从某种特定的地域性和内容指向的单一性走向了多群体，在地域、内容、形式上形成了某些共通性，使其成为一种集体印象和叙事性记忆。

对有一定文化专业修养的学者来说，对卵图案石上图案的阐释，是依据他们自身所掌握的相关文化知识展开的。与此相反，扎西人是依靠着自身的体验、口耳相传的经验进行解读的。虽然存在着这样的差异，但两者也有重要的共性，即这块卵图案石被阐释为一种文化的载体，或者说是文化的一种象征和表达。

扎西人对石文化的解读也存在较大的分化。一些人开始关注石头在市场中扮演的角色，更加关注石头的市场价值。那些提出要切开石头看看，或者想通过其他办法来确认它是不是好玉石的人，他们的直接出发点可能是想让笔者确认这块石头在市场中的价值，显然他们认为笔者关注的是这块石头能给笔者带来多少金钱，他们不自主地把他们认为更重要的东西应用在“我”的身上。显然，一些市场元素在影响着这样的扎西人，特别是那些外出打过工或者较多接触到外面世界的年轻人。在这种变化中，当地一些长期存在的一体化的文化被逐渐解构了。

第五章

变迁与石文化

在对扎西乡的概况介绍中，笔者已经呈现了当地发生的主要社会变迁情况，而那些变迁现象也只是当地整体社会变迁的一些组成部分。如同青藏高原上其他牧业乡一样，扎西乡曾经存在过的相对宁静、封闭的状态已经被逐渐打破，甚至在某种程度上被彻底打破了，牧民们的生计方式变得丰富，而且这种趋势越发明显，速度也在加快，乡镇上的商业经营发展迅速，牧民们收入大幅度增加，这些对当地牧区生活、对人与自然的关系影响是十分明显的。

社会的变迁向我们展示：在传统牧区生活中存在的许多东西随着变化的发生，已经不再适用了，一些文化内容和形式也因此而被抛弃。在这种情况下，人们与传统生活之间、人与牧区环境之间的某些关系不可避免地发生了一些变化。

在扎西县，笔者曾听到过这样一个小故事。一位游客在玛旁雍错湖边捡到了一个小贝壳，她带了回去。回去后，在她一个考古专业的朋友的建议下，她把这个贝壳送到了专业鉴定机构，鉴定结果是：这是一个贝壳化石。据传说，由于它有重大的科研和实际价值，被估价上亿元。这个故事深深刺激了扎西人。以前扎西地方本没有游客，后来偶尔有一两个，但并没有发生这样的事情。但是，当封闭的传统时空被打破后，一切似乎都发生了改变。

第一节　商品化与幸福感

一、“成神”之鱼[1]

在扎西县有一种鱼，人们与鱼之间有着密切的关联。这种鱼叫作“高原裸鲤”，但多数时候，人们更喜欢叫它为“神鱼”。至于为什么要这么叫，没有人能给出权威的答案，但每个人都可以给出一定的解释。

“神鱼”平时生活在圣湖玛旁雍错中，因此，也有人把这种鱼叫“玛旁雍错鱼”。一种观点认为，由于圣湖玛旁雍错在当地人和其他信奉者们的心目中占据着重要地位，所以湖里面的这种鱼也就同样有了某种力量。前文已经交代，玛旁雍错、贡珠错和拉昂错是扎西县最重要的三个湖泊。从地理位置来说，玛旁雍错同时被贡珠错与拉昂错从两边环抱。“神鱼”平时生存于玛旁雍错中，被认为是三大湖共有功德的象征。

“神鱼”在当地被认为是颇为有效的药材，主要用来治疗难产和水肿两类疾病。“神鱼”不但可以治人的病，还可以治牛羊的病。用熬煮的鱼汤给难产的牛羊灌入，就可以帮助它们顺利生产，当地人对此似乎非常坚定。关于这种神奇效果的说法也在周边许多地方广泛流传，甚至某些有被进一步夸大的成分。笔者在仲巴县走访时，有一位在当地被认为颇有见识的牧民告诉我，玛旁雍错的“神鱼”可以治疗不孕不育症。

以“神鱼”治病，其方法是有讲究的。一是只喝鱼汤而不食鱼肉，这可能与一些地方的藏族群众不食鱼的传统习俗有关。当然，也有人说鱼肉的效果不如喝汤的治疗效果好。二是新鲜“神鱼”熬出的鱼汤比晒干后的鱼熬出的鱼汤效果要好，笔者采访的所有扎西人都持这样的观点。

---

① 本部分内容原发表在“中国西藏网”，名为《西藏普兰的“神鱼”》，2019 年 9 月 21 日。

不过在使用“神鱼”时，被采访者几乎全部用干鱼熬汤。这种观点与做法上的矛盾之处有其内在的原因。当地人不捕鱼、不杀鱼，也不允许外来者捕鱼，即使再紧急的事，也不能主动抓鱼，要想获得“神鱼”治病，只能凭运气去河边或湖边去捡那些自然或意外死去的“神鱼”。

2016 年，笔者在扎西乡遇到了很多从拉萨和阿里去那里收购药材的商人，他们已经收购了许多“神鱼”，还不停有人去围观打听。当然，他们听说谁家鱼多，也会去牧民家里收购。购买时，他们要先检查鱼的腮下方是不是有“牙”，没有“牙”的则不符合要求。但一些群众对此并不认可，他们说圣湖中的“神鱼”都是有“牙”的，只不过有些在晒干的过程中不小心被碰掉了，根本不会影响治病的效果。村中还有一些“头脑精明”的人在圣湖边扎起帐篷，向游客和香客出售“神鱼”，价格每条从 50 元到 300 元不等，鱼个体的大小一般决定了价格的高低。

2019 年之后，“神鱼”商品化的趋势越发明显。在神山脚下的塔尔钦小镇，走出塔尔钦牦牛运输队房间的大门，侧面就有一家当地的特产商店，“神鱼”是里面最显眼的商品。店里的“神鱼”商品有两种包装，一种是塑料的，另一种是纸质的。鱼的大小相差不多，标价每条 35 元。在扎西乡，一些商店里也摆放上了用于出售的“神鱼”，每条 30 元至 100 元不等，甚至在国道边的检查站附近也出现了“神鱼”的身影。两个村的一些村民来到路边，向游客和香客出售当地的特产，“神鱼”被摆在最前方，也最显眼。那些“神鱼”用木箱子装着，大些的每条 50 元，小些的每条 10 元。

图 5-1　被解读为鱼化身的天然造型石（摄影：赵国栋）

图 5-2 被解读为神鱼，也被解读成乌龟的造型石（摄影：赵国栋）

为什么会有这么多用来出售的“神鱼”呢？它们又是如何获取的呢？事情看上去让人颇为费解。笔者走访了当地许多农牧民群众家庭，他们的家中基本都会有几条晒干的“神鱼”，而且都小心翼翼地保存着。慢慢地我发现，原来他们的“神鱼”是以一种同样而独特的方式获得的。

5—8 月，“神鱼”从圣湖中逆河而上去河的上游产卵，当地农牧民主要在这一过程中获得了“神鱼”。逆河行进对“神鱼”来说是一个艰苦的旅程，湍急的河水以及河中的乱石成为“神鱼”逆水而上的巨大阻碍，每年到河边捕食“神鱼”的鸥鸟则是它们的大敌。有时，流浪犬们也会到河边捕食“神鱼”。所以，在逆水而上产卵的过程中会有大量的“神鱼”死亡。那里的人们经常到河边和湖边巡视，这样既可以保护“神鱼”免受游客或不法商人的捕杀，也可以拾回那些已经死亡的“神鱼”，晒干后珍藏起来。

图 5-3 牧民拾到的“神鱼”（摄影：赵国栋）

在悠久的岁月中，扎西乡人对“神鱼”的保护是不遗余力的。2016年的一天，一场大雨使河水暴涨，一些小水沟与河水连通了。许多逆流而上的“神鱼”沿着其中一条小水沟进入乡里一处低洼的地方。越聚越多的村民们阻止了几个正在那里捕鱼的外地商人，随后他们又叫来了更多的村民，取来了桶、盆等各种工具，也开始了捕鱼的行动。他们并没有把这些鱼据为己有，而是以最快的速度把捕到的鱼送回了河水中。当然，那些已经死掉的“神鱼”也就被他们带回了自己的家里。

我们发现，用经济角度的思维解释扎西乡牧民群众的这种行为并没有太大的解释力，“捕鱼致富”的简单经济逻辑在那里并不奏效，但“以神鱼致富”的文化逻辑却让人印象深刻。在人与鱼的关系中，人们没有表现出向大自然的无度索取，而是一直在小心翼翼地珍惜着大自然的恩赐。他们知道保护这些“神鱼”的重要性，而且这种保护是发自心底深处的。在社会变迁中，协调好以“神鱼”增加收入和保护好与“神鱼”之间的关系是他们最关心的问题之一。

二、以“神鱼”之名

到达扎西乡后，我们的驻村工作队与乡政府、村两委一同工作，很快与当地的乡村干部熟悉了起来。刚到驻村地点的时候，正是1月底，相关单位很快就要进入春节和藏历新年的慰问环节了。我们度过严重的高原反应后，便开始认真地操持起来，准备妥当之后便开始在乡里和村里干部的引领下走村入户了。在此次慰问中，我们走访了许多户牧民群众家庭，但因为牧区深处牧民们居住过于分散，而且相互之间也没有道路相通，所以还是没能走访所有的家庭。后来我们又利用各种工作机会，弥补了这一不足。

在走访的过程中，笔者是茶叶专家和石头专家的说法在人们中间悄悄地流传开了。一些群众就会向笔者询问买茶叶的一些问题，也会问关于石头的一些问题，我都一一回答。平时一有机会，笔者就在牧场山坡上散步，同时也会欣赏、研究那里特有的石景和石质，偶尔也会拾些小石头回去做研究。路上常常遇见村里的牧民，这样，人们更加相信，笔者确实是一个非常懂石头的人。

有一天，一位牧民联系到笔者，说想让笔者看一看他的一块石头。他选择了在洛桑的“个性飞扬”商店见面。洛桑是乡里的能人，修车、修电器、制作家具，无所不能，而且他为人和气，也总是向那里遇到困难的人伸出援手，所以洛桑深得当地人的信任。不过，更为重要的是，洛桑经营着一家杂货小店，在那里不但可以买到各种各样的东西，还可以围坐在火炉旁边谈天说地，当然也可以开展石头的鉴赏。进了洛桑的小商店，我们坐在火炉边。

坐在那里好一会儿，他也没有摘下帽子、墨镜①和口罩。后来他慢慢摘下口罩，脸上有一种不安、焦虑的表情浮现出来。笔者有意转移了话题，聊起了遇到狐狸和野兔的事，这是他们感兴趣的话题，因为在放牧中，他们都会遇到这些动物，并且都会有一些故事发生，所以笔者的那些故事可能在他们面前只是“小巫见大巫”。很快，他放松了下来。

在讲述中，他仍然带着一些不安，显得有些焦虑。慢慢地，他犹豫地从怀里取出一块用红布包裹的东西，笔者猜想那里边肯定是他要让笔者看的石头。打开最后一层报纸之后，他小心翼翼地从里边取出了一块石头。此时，房间里马上就有了一股浓浓的味道，那应该是一种酥油的味道。他没有直接递给笔者，笔者也没有直接伸手去接。笔者感受到了那种涂抹酥油形成的特有的光泽。

如同青藏高原上绝大多数乡村一样，在扎西乡，酥油的用途是十分广泛的。在饮食中，人们用酥油制作酥油茶、藏面和各种各样的油炸食品。酥油也可以用在美容保湿中，譬如，可以用来擦脸、涂嘴唇②、擦

---

① 那里的牧民们总是喜欢戴着墨镜，据说主要是为了放牧中防止阳光的灼伤，也能防止风沙伤到眼睛。

② 把酥油涂到脸上、嘴唇上，可以防止太阳光晒伤，也可以防止冬春季大风吹裂皮肤和嘴唇。笔者在调查中，嘴唇干裂严重，每天流血不止，当地牧民教笔者向患处涂抹酥油，涂了3天后，干裂有所好转。

头、软化皮革、保养石头（一般具有宗教意义）[1]。在当地的文化中，不断用酥油在某些石头上涂抹，既可以保养、呵护石头，也可以使人们内心获得安宁，使情感得以寄托。

他始终用双手捧着那块石头，一直没有递给笔者让笔者仔细看的意思，反复在手里轻轻抚摸着。笔者感觉到他的一种复杂的情感，似有爱惜，也有不舍，还有犹豫和某种纠结。笔者只是和他对话着，没有主动取他手中的石头。笔者尝试着让他先讲出自己的故事。

在放牧的过程中，他带着羊群来到圣湖边，望着宽广的水面，他捧起圣湖纯净的水，面朝神山，在心中默默虔诚地祈祷。这对他来说并不陌生，因为平时他到圣湖边的草场放牧，或路过圣湖时，经常做同样的事。当他在湖中看到那块石头时，他被吸引到了。在他看来，那块石头就如同“神鱼”的化身一样。他禁不住诱惑，好奇地把这块石头从湖中取出，带回了家。

他有了些许放松，向笔者认真地描绘着这块“神鱼”奇石的特点。虽然他说得有声有色，但从笔者个人的理解来说，很难把这块石头和鱼联系起来。他那些生动的描述，更像是他有意建构出来的，如他对鱼头上眼、腮感觉的描述。除了描述哪里有些像鱼之外，笔者也能感觉到他传达出的那种建构：有意或者尽自己最大的努力把这块石头说成是“神鱼”的另一种身份。内心中与圣湖、“神鱼”之间的情感影响了他的想法、认识与表述。他一直没有问笔者这块石头能卖多少钱，没有提钱的事，或者笔者是否想买这块石头的事。可能他只想把藏在心里的这件事告诉笔者、表达出来。笔者明白了他心里的纠结，也明白了他为什么要找笔者倾诉。

笔者告诉他，这块石头属于圣湖，应该把石头放回去，这样会更好。听完了笔者的这句话，他的脸上不由得呈现出一丝隐约的微笑。笔

---

[1] 在扎西乡，人们对一些特殊形状或具有某些天然图案的石头格外重视，一般会为其涂抹酥油。寺院里也是如此。另外，他们还会把酥油涂抹在衣物的各种配饰上，如天珠、蜜蜡、绿松石。

者知道猜中了他的心思，这句话也解开了他内心的纠结。他如释重负一般，又小心翼翼地包好这块石头，放进怀里，离开了。他直接去了湖边，把石头用双手放回了水中。

三、对本书的启示

“神鱼”与特定的石头之间被建立起了某些联系，这些联系并不是受某一种因素影响而形成和得以延续的。其中，有一些是基于扎西人的某种原初状态被一代代传承，并进入他们头脑和行动之中的内容，这些内容涉及那些关于他们自己、“神鱼”以及灵石之间不可分割的关系，这种关系在他们看来是不能少、不会少，并护佑着他们的一种存在。

这种原初的建构以及人们对此的执着在面对外部世界，尤其是市场和外部的某些诱惑的时候，就会受到各种各样的影响。人们的某些习以为常的观念和行为会相应受到影响。从这一角度来看，我们就不难理解扎西乡当地的“神鱼”现象以及人们面对特定的石头时那些纠结的情感了。

从这位牧民故事的过程和结局来看，当他回归了拾回这块石头之前的状态，回归了自己原初的状态，回归到他以前对待圣湖中石头的状态，回归到以前的自己的时候，他才是快乐的、轻松的，才是一个真正拥抱自己的人。那个时候、那样状态的他也是幸福的。与这种内心的安宁、生活在自己充实的精神世界中相比，用来评价幸福的其他指标，似乎都是次要的，或者说，它们无法取代人的内部精神世界的幸福需求和对这种需求的满足。

第二节　化石的价值符号

现代地质科学已经证明，现在的青藏高原在4000万年前是一片汪洋大海“特提斯海”，“特提斯海”后来经过长期的演化，逐渐消亡，海水由东向西逐渐消退。现在的地中海，被认为是它的现今残留部分。[①] 青藏高原既然曾是一片海洋，那里就会留下海洋的痕迹，海洋化石就是它留下的重要痕迹之一。

一、玉石商人与树化玉

欧珠是扎西乡人，他 30 多岁。2010 年前后，欧珠大专毕业后回到了家乡，进入圣湖玛旁雍错景区的管理处工作。在扎西县，如同欧珠一样的大中专学生在毕业后返回家乡工作的有很多，比如，在县城三农服务站工作的卓嘎。再扩展一些说，西藏大量的年轻人通过学习从牧区走出去，毕业后又返回西藏各城镇工作。瓦鲁斯指出，受过教育的人返回家乡，他们会树立起一种榜样，使追求更好生活、更高收入的吸引力得以强化。[②] 这些人也因为他们的见识和知识在西藏的社区中变得颇具影响力。

上班之后，当地流传的关于玉石的故事深深刺激了他，随后他就开始关注当地的石头，慢慢地就专注在当地寻找各类玉石。一辆结实的皮卡车是他的主要寻宝工具。他经常开着车在圣湖周边寻找树化玉，而且收获颇丰。2016 年 5 月 25 日，欧珠来到“个性飞扬”商店，我们相见了。他说：“来了几次，都没有遇到你。”他一边说一边走到笔者的近前，坐在火炉旁边，顺手递给笔者一块石头。“看看这个石头你要吗？”他递给笔者的是一块深绿色的玉石，向笔者要价 7000 元。随后，他又带笔者去了他的家里。他的家就在乡政府附近，院子很大，二层式的藏式建筑，很气派。

院子里堆放着各种各样的石头，欧珠向笔者介绍了几块鸡血石，还有两块墨玉以及外形和乌龟相似的石头。一块大些的鸡血玉，欧珠向笔

① 孙鸿烈．世界屋脊之谜——青藏高原形成演化环境变迁与生态系统的研究［M］．长沙：湖南科学技术出版社，1996：11.

② VAVRUS F. Making distinctions：Privatisation and the（un）educated girl on Mount Kilimanjaro，Tanzania［J］．International Journal of Educational Development，2002（5）.

者要价 3 万元，另一块大些的树化玉则要价 5 万元。在交谈过程中，他如数家珍一般向笔者讲述阿里玉石有怎样的特色，有多么稀少，有多珍贵。然后又向笔者讲述他每年销售玉石的业绩。他说他每年卖玉石的收入都可以达到 10 多万元。在欧珠眼中，旅游公司的工作只是他做玉石生意的一个媒介和平台。

那些漂亮的树化玉是他从玛旁雍错湖边开着皮卡车捡回来的。他说小的树化玉都没有捡，因为不太值钱，只有看到这种又大又特别漂亮的，才拉回家来，能卖高价钱。确实如欧珠所言，那是一块非常漂亮的树化玉，形状如同一座高高耸立的山峰，一面的玉石如同羊脂一般晶莹剔透，另一面还有一些红色和金黄色相杂在一起，散发出夺目的光芒。有一次，从那里路过的专门到阿里勘测的北京专家团队中的一位老专家，鉴定了欧珠所说的树化玉——样品是笔者拿给他看的，他肯定了树化玉的身份，强调要注重这些石头的科研价值。

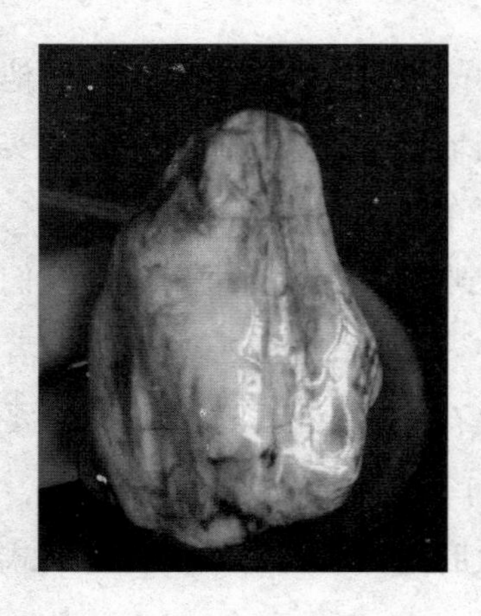

图 5-4 玛旁雍错边的树化玉（摄影：赵国栋）

图 5-5 欧珠销售的当地玉石（摄影：赵国栋）

欧珠作为公司的工作人员，也作为扎西乡的村民，他专门卖玉石的做法并没有引发村里人的排斥。欧珠总是自己开着车，在人少的时候去捡石头，而且赚了钱也不张扬。另外，村里人并没有排斥欧珠的理由，至少村里也有其他人在捡石头。在放牧时，人们总会拾回一些小石头。

不过，乡里也有一些人在做着与欧珠“以石致富”相反的事。一次，笔者从圣湖边经过，几位转湖的村民正在湖边做着什么。他们小心翼翼地把捡到的漂亮石头堆放在一起，然后在上面压上白色的哈达。那些泛着光泽的小石头就是玛旁雍错树化玉，他们正在用这些宝石完成他们心目中的玛尼石堆。欧珠对这些小树化玉的兴趣并不大，而且他也知道，破坏玛尼石堆后果的严重性。

2019 年 7 月，笔者再次来到扎西乡开展调查，并又来到玛旁雍错之畔。几年前的景象已经有了很大的变化。圣湖景区已经建成了环湖公路，为转湖者提供更好的、更便捷的服务设施。湖边建成了多处专门用于观景的观景台，人工堤坝也出现在了笔者的视野中。笔者已经无法看到湖水中那些漂亮的石头了，满眼都是人工建造的水泥设施。无论是被人拾走了，还是被埋在了水泥之下，那些原来静静躺在湖岸沙滩上和被湖水轻轻拍打的美丽而又神圣的石头确实是消失了。笔者站在那里，听着滔滔的湖水拍打着堤坝。

二、蚌化石

除了那些树化玉之外，还有其他的证据可以证明扎西乡及其周边曾经有古海洋的存在。

一位游客拾到古贝壳化石的消息在当地尽人皆知。除了这个古贝壳化石之外，还有人在那里发现了一个似河蚌的石头，有人说那是蚌的化石。这块石头整体很完整，个头比手掌还要大。它吐出的蚌肉是白色胶状，非常细腻，蚌肉与蚌壳的连接处都看得清清楚楚。蚌壳通体呈鲜红色，上面镶嵌着许多石英晶体。它仿佛是一个大蚌从一端张开了嘴，正在享受泥沙中的美味。当这块石头被发现时，它就安静地躺在一条流入玛旁雍错湖的河流岸边的泥土里。这条河的大部分区域，以前早已经被那里的生意人和牧民们反复搜寻过许多遍。捡到这块蚌化石的消息传开后，一些人更加确信，当地蕴藏着大量的玉石资源，可以作为发家致富的好途径——就像欧珠一样，成为一名光鲜体面的玉石商人着实还是让人羡慕的。

图 5-6　在扎西乡发现的蚌化石（摄影：赵国栋）

环境的变迁给青藏高原和那里的人们留下了大量化石，它们既是大自然的产物，也是人们的宝贵财富。如何定义财富，在时间的坐标上，以前的和现在的显然产生了较大的差别。前文的呈现和分析已经让我们感触到扎西人看待一些特定石头的态度、对待它们的方法，那时的财富对他们来说就是内心的安宁，就是他们在生活中与周围一切因素建立起的友善、良好的关系，这与金钱无关，至少没有直接关系。经济结构的变化、经济的快速发展使扎西乡发生了巨大的变化。脱贫致富与乡村振兴建设使人们更加关注多种收入方式，更加关注增收的途径与方法。人们因此也更加重视金钱财富，更加重视周围一切与增收致富之间可能的关系。

一些商人和群众更加频繁地到河边，到山里去搜寻。牧民们放牧过程中也多了一项工作，就是寻找化石和各种玉石。他们关注的不是化石和玉石的科学价值——他们也没有兴趣分析扎西乡曾经是古海洋的问题。和人们最为亲近的大自然逐渐变成了人们的资料库、材料库，为人们走向更为富裕的生活提供着支撑。

三、对本书的启示

在普通人看来，人们生活的青藏高原曾经是什么样子以及那里曾经经历过怎样的地质演变，似乎离得过于遥远。化石的存在清晰地告诉所有的人，那里曾经有过剧烈的地质与气候变迁。对待化石，人们似乎并没有过多在乎它们所具有的科学研究价值。也就是说，如果这些石头只是化石，只具有科学研究价值，那么人们更可能也似乎更愿意以市场的角度来看待它们。很少有人关注它们的其他方面，所以便没有被人们建构出的某些特定关系包裹进去，也就是说，那些化石就是化石，是在市场上可以卖出好价钱的石头，而没有进入特定群体的石头文化中，或者对他们来说并不是灵石。

当人们没有把圣湖中的石头和圣湖之间的关系纳入特定关系的建构中时，那么石头的消失与圣湖自然堤岸的改造也就与他们没有太大的关系，所以他们并不关心圣湖堤岸的改变。而且在多数时候，他们面对这些改变时，总是显得有些渺小，很难去主动改变什么。

第三节 地方知识的突现

行文至此，我们需要提出并反思、回应一个重要问题：扎西人关于灵石的观念、知识和文化是如何形成的，在社会变迁中它们又是如何发生变化的呢?

人类的一切活动都属于实践，实践是人类社会存在的基础。人类的实践有许多特点，这些特点针对的主要方面也各不相同，其中一些特点对人类知识的生产格外重要。我们也可以通过它们来进一步理解扎西人关于石文化，尤其是灵石文化的观念。

从早期人类社会角度来说，人类的个体是人类社会存在的前提。作为个体，每个人都要面对自然，要学会与自然和自然中的一切打交道的方式，而且每个人要把这些打交道的本领进行提炼总结，并能够与群体中或群体外的其他个体进行交流，有效分享这些经验，通过共享经验而使群体内的知识得以增长，从而使群体在自然中和群体竞争中获得更有利的地位。

为了生存、生活和实现种群繁衍，无论是苯教徒、巫师还是部落首领，他们在面对大自然中各种各样的情况，尤其是大自然形成的威胁和困境时，必须处理这样的关系，甚至无可选择，更不能逃避。久而久之，在特定的群体内部，从群体个人到群体中所有的人，都会经历对大量的经验、体验、交流收获的提炼和总结，逐步形成群体内部相应的较为系统化的精神或知识产物，如与群体产生相关的神话故事，与群体相关的英雄人物的故事，等等，并形成相应的多元的叙事体系。可以说，各种各样的卵生故事就是在这样状态下得以生成、传播和发展的。各群体内的故事在不断交汇、交融，在故事内容、故事对象、故事叙事等方面形成了相互交织的网络状态。这些内容呈现出逐步形成和演变的知识、体验等形式，它们并不是处于静止或固化状态的，而是时时处于不断流动、传播，甚至扩展之中的。同时，每一个内容或方面又都具备一定的自有特色，并被确立为某一特定群体内的知识和文化。它们在初始阶段是依附于最初的某个人或某些人，包括后来的一些参与其中的人和群体，在进入某个阶段后，它们的持续性生成与变化以及发挥的作用，则又脱离了某个或某几个具体的人，形成了自身的新颖性、自主性以及某种整体性。这一过程和机制的特性，在科技哲学中被称为“突现性”。

从理论角度来理解个人与社会的关系，长期存在个体主义与整体主义的区分，并演变成两大研究流派。前者主要以个人及其行为来解释社会，后者则主要把社会视作一个整体，以“社会事实”来解释社会。整体主义理论流派的主要代表人物是法国著名社会学家涂尔干（E. Durkheim，也译为“杜尔克姆”），他主张只能从社会层次出发解释社会，而不能是个体。但是，他的这种有着广泛影响的论断并未开展并呈现严密的学术论证，并被一些批评者诟病忽视了对社会中个人作用的重视，且缺乏必要的学术探讨。基于“突现性”特征发展形成的“社会突现理论”也被归入整体主义研究范式，不过，它在理论上做了进一步尝试，试图把个体主义与整体主义进行某种链接，这种尝试形成的研究取向也被称为“新整体主义”。索耶（R. K. Sawyer）是重要的代表人物。

在社会突现理论中，对“突现”（emergence）的界定主要集中于它的如下特征：由其他事物引发突现，而非特定目标物（或事件）自身的自然生成；突现的生成物相对引发其出现的事物（事件）具有某种新颖性、自主性，并且表现出一种整体性。突现可以从两个维度来理解：一是关系维度（relational dimension），二是历时突现（diachronic emergence）和共时突现（synchronic emergence）维度，即时间维度。关系维度的突现性强调突现是建立在突现实体与产生该突现实体的实体之间的关系上。所谓实体，并非通常认知的实体，而是包括物体、性质、状态和类似的宽阔范畴。[①] 时间维度的突现性强调可能存在的时间序列以及层次关系内发生的突现。以此来看，突现理论实际上又是对建构理论视角的一种更加具体的阐释，它向我们呈现了社会理论的另外一种可能维度。

某一现象或事件的突现来自关系的影响，必须有相应的他种力量的存在。这一观点看似简单，但它却提供了一种基本的认知基础，并基于这样的基础，我们才可能承认如下观点：有一种力量作用于人类社会内部的复杂关系以及人类与自然之间的关系，并且基于这种力量，会不断有现象或事件的突现，完全对人类与自然的精致设计并不明智，与实际难以相符。自主性指的是突现现象及其影响具有某种不以人的意志为转移的力量，它并不一定完全独立，但它表现出的自主运行性却有巨大的影响。突现所具有的整体性则强调它并不是一些要素或组成部分的堆砌，整体性使我们在面对突现时难以用简单的方法或一两种媒介加以有

① 保罗·汉弗莱斯．突现的标准和分类［J］．付强，译．系统科学学报，2021（2）．

效化解。

因果关系是社会突现理论最为关注的问题之一。它认为，理解个人与社会之间是否构成某种因果关系，关键在于理解社会具有个体所不具有的突现属性。该理论认为，社会是由个体的聚集突现而来的，它具有个体所不具备的突现属性，由于该属性，社会不能还原成个体。所以，某个社会事件能够作为一个“独立”的因素而对其他社会事件以及社会中的个体产生影响。与之相对，个体未必能够对某个社会事件产生影响。不过，索耶指出，在人类社会中，所谓的因果关系应该是类型事件（event types）之间的关系，而不是个例事件（event tokens）之间的关系。所以，我们所说的因果关系是排除了个例事件的因果关系。科学所关注的是普遍性的因果，而不是个例化的因果，而且那种因果也不能算作真正的因果。[①]（以上四个自然段引自赵国栋《多维度下的科学理论——基于建构视角的反思》一文）

扎西人关于石文化，尤其是灵石的观念、知识的形成是一种地方知识突现的后果，它由个体至群体，并由特定群体到更大的群体，这一过程中充满着群体与群体之间的影响，汇聚成一种关于灵石的地方知识体系。关于这一观点，我们在对“卵生说”与石文化之间的关系分析中已经进行了展示。同样，随着快速的社会变迁的到来，某些观念和行为首先发生于个体身上，并通过个体在社区内传播，再向社区外传播，形成更大范围内的新的观念和实践，而一旦这些与以往的观念和实践有着较大差别的观念和实践得以广泛形成，它们就再次实现了一种地方知识的突现，突破了个体的观念和影响。在对列举案例的过程分析中，我们可以看到这种地方知识突现的过程性以及其中存在的因果关系。

我们不能否定，也不能否认扎西人的主动性和创造性，或者可以说成是扎西人的主体性，他们在当地的建设、发展与生计选择和塑造中仍然是最重要的元素，政府的任何政策都需要落实在农牧民身上，并通过

① 林旺，曹志平．社会突现论对社会因果的研究［J］．自然辩证法通讯，2020（4）．

他们自身的实践而产生确实的效力。同时，我们也不能否认，扎西人的许多观念以及相关的实践活动并不能完全由他们自己决定。可以说，在扎西当地，存在着两次主要的关于石文化地方知识的突现。一次是扎西人与灵石关系的建构和实践，并支配着他们的生计选择与生活模式，此时，当地人主要作为自然中的一部分融合于当地系统中。另一次是21世纪后当地人与灵石关系的重新建构，原有那种融合性的模式被逐渐解构，人与石的关系受到市场因素的影响进一步加大，在挑战了原有主导关系的同时，走向了一种具有利益化倾向的新关系。

在后一种的重构中，作为当地村民的欧珠——当然，他已经具有了商人的身份，甚至作为一个外来观察者的笔者，都给当地带来了影响。在脱贫致富、乡村振兴，不断奔向幸福生活的时代大背景下，诸如“你、我、他”这样个人化的影响又不可逆转地被吸纳入时代的潮流之中，形成了扎西乡人与灵石关系转变的突现，此时的关系已经不是某个人的意愿或行动所能支配的。

本章小结

进入21世纪后，扎西乡当地发生了快速的社会变迁。传统生活、生产模式下那种相对封闭的社会状态被打破。在精准扶贫、乡村振兴等不断向农牧区注入动力和激发因素的状态下，牧民们不自觉地对商业活动、商业经营等市场意识和行为的重视程度有了巨大的提高。同时，在这种意识与行为的转变中，传统生活中那些被关注和推崇的人与自然之间建构的关系，以人与自然关系为主导的衡量标准的做法都不再如以前那样管用了，它们对人们，尤其是年轻人的影响力也随之下降。

人与“神鱼”的关系映射出某种人与自然的关系。人们对待“神鱼”的态度以及处理与“神鱼”的关系方式向我们暗示了人和自然之间某种深层的关系，与之相关的石文化也就处于这种关系内。在社会变迁中，人与神鱼关系的变化同样反映了人们与自然关系建构的变化，人与鱼之间的关系在传统基础上被拉伸开，并逐渐脱离了以前某种紧密的依存关系。扎西人对自然的敬畏、依存感在渐渐弱化，他们仿佛失去了从心底里生发出的某种自觉。不过，扎西人的一些表现也告诉我们，他们对内心的安宁与幸福的期许，是与那些世代相传的东西联系在一起的。

青藏高原曾经是一片汪洋大海，古海洋广阔而神秘，并且在特定时期存在着原始森林，在地球环境的演变中，古海洋与原始森林存在的证据保存在了地壳变迁之中，这些证据也成为扎西乡及其周边最宝贵的财富——至少那里保存着各种各样的海洋化石和树化玉。长期以来，包括树化玉在内的各种玉石和那里的海洋化石都曾是扎西人内心世界里幸福、安宁的一种强大寄托。不过，无所不在的市场元素以及这些市场元素的运行逐渐松动了那种寄托的强度，甚至在悄无声息地置换幸福、安宁的界定。

在扎西乡呈现的以上人与自然关系的转变，在本质上是一种社会历史中的突现现象。作为个体的人是人类社会存在的基础，个体人必须面对自然，学会与自然和自然中的一切打交道，而且要把这些打交道的本领提炼总结，并能够与群体中或群体外的其他个体交流、分享这些经验，通过个体交流和共享这些经验，群体内的综合知识，尤其是在某一方面的特定知识得以增长，原有的一些知识也因此而获得不断更新的动力。人与自然的关系就是在这样的过程中，被牵引着走向了一种突现。

结语与讨论

20 世纪 60 年代末，英国科学家詹姆斯·拉伍洛克（James Lovelock）提出了有名的"盖娅假说"。他出版了《盖娅：地球生命的新视野》《盖娅时代：地球传记》等书，进一步阐述和宣传他的观点。"盖娅假说"认为，地球（拉伍洛克称为 Gaia）是一个有机生命体，并通过自我调节维系着地球生命和非生命系统之间的关系。[①] 虽然长期以来一些人对该假说的批评之声不断，但进入 21 世纪后，气候、陆地、海洋、细菌等造成的生态威胁，人类自身活动带来的物种威胁以及化学、辐射和核威胁等大幅度增加，越来越多的科学家、人类学家、社会学家以及哲学家们承认：不应继续将全球气候变暖、植被破坏、物种威胁、生态灾难等当作"孤立"的问题来看待了。

有研究者指出，虽然被称为假说，但盖娅假说在环境伦理实践上具有十分重要的意义。尤其表现在：它否定了人与自然之间的二元对立思维，该思维否定自然界具有其内在价值。盖娅假说主张：

> 地球本身就是一个巨大的生命有机体。岩石、空气、海洋和所有的生命构成了一个不可分离的系统，正是这个系统的功能使得地球成为生命生存之地，也就是说，生命要依靠整个地球的规模才能生存……自然在一定程度上成了一个经验着的、目的性的存在，它

---

① 詹姆斯·拉伍洛克. 盖娅：地球生命的新视野［M］. 肖显静，范祥东，译. 上海：格致出版社，上海人民出版社，2019.

们具有内在价值，有自己的目的，而不是用来实现人类主体的目的的手段。①

如果说詹姆斯·拉伍洛克的这种假说还有些过于宏大，或者说无法被人们清晰感知并获取到大量的证据，也不具备科学的可证伪性的话，那么本书提供和呈现的则是从一个微观的、具体的视角，利用真实清晰的田野故事呈现了一种人与自然界之间的价值关系，及其自然界的内在价值。其中，我们能够感受到某种自然有机关系的重要性。

环境社会学家约翰·汉尼根指出：当我们用概念去理解人与自然的关系时，必然要面对“自然与社会的分省”，或者说“人与自然的分省或相对”，这分省或相对的状态已经成为当代环境研究领域中的一种困扰，并阻碍了该领域内的理论探索。把自然从社会研究中剔除，或者相反，这样做都是不明智的，都会阻碍研究，但要真正说清两者的关系并不容易，加之现代某些“混合品种”与“有机体机器人”等现象进一步增加了这样做的困难。② 不过，无论遇到多大的困难，我们都不能否认人与自然之间的紧密关系。当这种关系发生弱化，甚至分裂、断裂，或者说这样的趋势越来越严重时，我们有必要进行深刻的反思。

本书尝试提出一种从建构主义角度出发的理解路径，通过该理解路径审视关于人与石头关系的文化、知识和实践以及它们的演变，并通过突现的社会机制理解人在自然中以及自然、社会的演化逻辑。

人类学主张，“生物界是一个交流的相互依存的体系”，生命自然世界也具有有组织的交流。自然中的所有有机体，其与环境之间不是分割的，而是一体的，并存在着相生相长的关系。由此，我们可以引申出这样的问题：自然秩序与人和其他生命体对它的建构密不可分，或者说如果没有人、动物以及自然中其他之物，那么自然就不存在秩序，即不

---

① 詹姆斯·拉伍洛克．盖娅：地球生命的新视野［M］．肖显静，范祥东，译．上海：格致出版社，上海人民出版社，2019，译者序：9.

② 约翰·汉尼根．环境社会学［M］．2版．洪大用，等，译．北京：中国人民大学出版社，2009：159.

存在自然秩序。因此，动植物的本能以及人类的文化在对自然的功能上是相近的，它们都可以被理解为物种在与世界的交流中对世界提出的某种意义上的主张，并且都代表着特定适应的过程。①

从某种人与自然的“二维系统”转变为“多维系统”时——人只作为多维系统中的一个存在物和行动者，如何理解人与自然中其他存在物之间在自然的复杂系统中是如何构建出特定关系的，并推进他们共同存在与相互适应的过程，这是本书所关注的重点问题。整体来说，在自然的复杂系统内，人便处于广义的自然之中，同时，需要人的主体性来推进关系的建构——建构人与自然中其他元素的关系，这一点应引发人类学者们的高度重视。②

本书主张，人类学者们有必要从建构主义角度进行反思，并从建构主义所主张的人与人之间的关系拓展至人在自然系统内与其他自然物之间的关系，即发现人与其他自然物之间存在的建构关系。这种建构关系最初生发于特定群体中的个体，并通过群体进一步生发出某种社会性，最终通过突现性实现一种人与自然关系的基本模式，并体现为一定的地方知识，我们可以称为“突现的地方知识”。

人为什么要建构与自然之物之间的关系呢？我们可能会想到各种各样的原因，如经济利益、兴趣爱好等。在青藏高原特定环境中，人们主要面对着这样的情况：生产资料的单一，或者说生产资料的丰富度较低，并存在着较为严峻的环境挑战，等等。在精神分析范畴内，这些情况构成了主体在社会中的特定的限制，这些限制常被称为“创伤”。主体在面对诸多限制时，他们常被看作一种有着本身创伤的主体。在人与自然关系问题上，精神分析学说也持有类似创伤的观点，认为人与自然之间并非天然地构成我们所期盼的、理想化的和谐关系，而是存在着

① 拉波特，奥弗林．社会文化人类学的关键概念［M］．鲍雯妍，张亚辉，译．北京：华夏出版社，2009：106.

② 叶立国．范式转换：从“人与自然的关系”到“人类在自然中的角色”［J］．系统科学学报，2021（3）．

"创伤性"的张力关系。[①] 根据这样的观点，为了不断减弱和消除创伤带来的不利影响，为了获得对人更有利的关系结果，人们会努力建构某些对自己具有重要意义以有效对抗创伤的关系。这种创伤的观点是一种值得进一步探讨的视角。本书也对此进行了呈现和分析。

为了弥补创伤，人在不断推进着与自然关系的建构，可以说这是人类的一种趋利避害的本能，也是人类社会发展的一种重要力量，这种力量会以不同的形式、状态或内容展现出来，深刻影响着人类社会。在扎西乡，人与灵石的古老关系是这种建构以及建构力量的一种表现，那时的人们力量弱小，在许多方面受制于大自然，作为这样的主体，扎西先人们探寻出与周围的一切相处的一套办法，这成为他们与灵石关系的基本出发点。进入21世纪后，扎西乡以令人惊讶的速度脱贫致富，进入了小康社会。随后，乡村振兴又成为那里最主要的事业，是全乡人民共同奋斗的崇高目标，几乎每个人都最大限度地把精力和热情投入乡村振兴的事业之中。在这一过程中，扎西人与大自然的距离不再也不可能如以前那样紧密。人们从自然中很难如以前那样感受到创伤的存在，与之相对应，在经济建设、脱贫致富动员和如火如荼的活动中，他们深刻感受着竞争、压力以及不断追求的刺激。面对这样的情况，人们需要而且必须把以前对大自然的关注成功地转移到对如何致富、如何成功地被关注上，以抚平他们在诸多关系中留下的创伤。新的关系被建构出来，并逐步实现了一种新的突现，这也就意味着扎西乡社区生活的模式、重点的相应改变。

以人们当下的眼光来看——至少在2022年的时候，石头只是一种客体的存在，它没有生命，也没有什么能力，更不要提什么主动性，总之，石头不是主体。这似乎是一个不成文的真理，被我们不自觉地、习以为常地广泛接受和认可，并基于这样的认知来使用石头为人类服务。

---

① 孔明安．人与自然关系的新阐释——再论恩格斯《自然辩证法》的当代意蕴［J］．北京行政学院学报，2020（5）．

稍扩展开来说，不要说是石头，即使是那些能与人类默契相处的、与人们相伴左右的狗、猫等伴侣动物，也很少被视为一种社会中的主体——当然，一些人也会把它们视为自然中的主体之一。作为一种普遍的现象，我们可以这样界定这一现象：包括石头在内的一切非动物，包括猫、狗在内的一切非人类动物，都是被人类支配的，并在被支配中才获得了在社会中存在的意义。

根据扎西人以及他们的文化启示，我们可以得出与之相反的结论。扎西人与灵石相处构建出的关系表明：特定的石头也是一个文化体，它们具备文化的特征，具备阐释人类文化的内涵。虽然这看似有些牵强——所有的阐释只能是人的阐释，所有的意义都是人为赋予石头的，但是，这些关系所表明的并不是强调文化阐释中人与石头具有相同的功能——两者当然不同，至少，人会用文字和语言来表达，而石头则无法实现——它所呈现的是：在大自然创造的世界中，因为有了包括人在内的所有创造物，才有了丰富多彩的文化，如果这个世界上只有人，而没有其他任何东西，那么并不可能生成文化，甚至不会产生所谓的“人”。据此，这里所呈现和所阐述的，是这样一个基本的事实：人和石头在大自然面前，都是文化体，也是文化生成者，它们在这样的维度上是平等的。

任何民间故事、神话寓言、古怪传说等必须有相应的物质载体，或者即使没有物质性的载体，人们也会在现实之中创造出一种或多种其他形式的载体，这可以称为“人与大自然构成一体性”的一种理解角度。

不能否认，人类与自然的距离越来越远，把自然以及自然中的除了人之外的所有其他存在视作客体，这些情况意味着人类在不断远离自己的本质，看似不断前进的人类的存在状态仿佛成了一种持续的异化，它持续冲击着人类的内心世界，无论是惶恐、忐忑、焦虑不安，还是无法表达的东西，都在提醒着我们：人类自己制造的东西正在变成某些突现的东西，人与自然、人与人、人与社会之间都被笼罩在突现的关系之中，一些东西已经无法由个人意志、群体意志甚至全人类的意志为转移，因为那些关系以及它们的演变已经实现了它们的突现性。人类的未来在何方？

本书的基本观点是：以地方知识或者文化为基础，运用建构主义的视角，人类学家们要不断地反思、研究人与自然关系的有机性以及突现性，尤其要关注突现性对地方知识和文化本身产生的多方面影响，并把它们提炼出来，为人类社会提供思想资源。这是一项极为重要的工作。具体而言，本书指出、阐明并强调了以下方面的学理性以及实践重要性。

1. 建构性是理解人与自然关系的一种重要视角

人作为自然的一分子，并通过自然体现着自己的主体性、价值性与创造性，所以，只要人类还存在，人类只要想有所作为，必然离不开自然。而且，还需要注意的是：人存在的意义是通过自然体现出来的，以此来说，人是自然的产物，人内嵌于自然之中，人绝不是外在于自然，这是人的本质特征之一。人类种族的延续只有在这种关系中才能被建构出来。

本书拓展性地探索了青藏高原上人与自然关系的建构性问题，研究发现：对人与自然有机性的积极建构不但没有瓦解当地人的社会信任，没有削弱社会安全感，相反，它有力地强化了当地的社会纽带，有效整合了特定的社会秩序，强化了颇为重要的本体安全感，把正在做的事（doing）和“是什么”和“成为什么”（being）结合了起来。这样的研究发现意味着，本书提出的研究问题、研究视角以及相关路径有助于我们更深刻地探索人与自然关系的可能走向。

笔者曾提出和强调了一种青藏高原藏族生态文化的解释模型，笔者将其命名为“藏族朴素的基于身体知觉的天人生灵合一生态伦理”。可以这样理解这一解释模型：它实际上是一种以建构主义视角解读的视角，对身体的感知和认知是建构关系的一个重要基点，从而由此生发出特定社区内的人与动物、植物以及其他一切自然之物的关系。[①] 从人类出现之时，就存在着人与自然关系的不断建构的过程以及它的产出物的不断出现与演变——某些地方知识，这些地方知识超越个体，发挥着人与自然关系纽带的重要作用。

如果承认这样的分析和逻辑，那么我们需要进一步强调一种尊重意识。人类把握和利用自然规律，总体应处于这样的建构逻辑框架之内，也就是说，要尊重自然，尊重它自有的规律，尊重它对人的关于精神性方面的特征。依据某些群体，或者整个人类的需求而任意裁割、塑造自然都是不明智的，这违反人在自然中与自然相处的规律要求。我们不能也无法把自然与人之间的精神关联折断或者完全分离，若这样做了，就意味着一种砍断人在自然中且失去与自然之间关系的可能，这是可怕的事情，这样会动摇人类存在的根基——人出离自然，那么人在本质上便不再是我们现在所说的人了，而成了其他的东西。

2. 从建构视角对主体性的再认识

从建构性视角来看，扎西人与灵石关系呈现出了自然所具有的某种主体性，只认可人具有主体性而完全否定自然其他之物的主体性并不符合事实。我们这里所强调的自然的主体性（包括自然之物）需要个体人、群体的实践来体现出来或者建构出来，这是一种深层的自然辩证法的逻辑，我们可以从恩格斯关于《自然辩证法》中的阐述体会到这一点。他说："动物也有自己的历史——是由发生渐次进化到现状的历史。"[②]"整个自然界都是瞬息不停地永远流动着循环着的。"[③]

建构主义中关于相互关系建立与发展的观点值得人类学家、社会学家和自然科学家们给予高度关注，这种观点无疑强化了这样一种观点：世界是关系性的，是可建构的，世界的未来是受建构关系影响的。虽然

---

① 赵国栋．"神鱼现象"：藏族原生态文化解释的一种机制隐喻［J］．原生态民族文化学刊，2019（4）．

② 恩格斯．自然辩证法［M］．郑易里，译．上海：三联书店，1950：21.

③ 恩格斯．自然辩证法［M］．郑易里，译．上海：三联书店，1950：16.

建构主义主要强调的是人与人之间关系的建构并由此发展到群体之间，但我们对建构主义的专门分析表明这种传统的理解路径并不充分，也不符合建构主义对关系界定的整体理念：关系是解决一切人类问题的核心所在。这为我们提供了一种进一步发展关系理念的契机和前提，这种发展主要体现在人在自然中与自然之间的关系方面。

沿着这一理念探索，多物种民族志的相关研究进行了突破性的尝试，人与动物关系研究得以推进。但这只是自然界很小的一部分，所做的工作还很有限，仍有大量的工作要做。本书显示：进行这种探索有必要把在特定历史文化中的无生命的东西纳入研究中，因为它们之间，它们与特定人、特定群体之间存在着某些关系的建构，在与之相关的特定的人和群体眼中，那些无生命的东西是活的，是有生命的，有时甚至关系着他们的生死与精神。

3. 关注地方知识是人类学家的重要职责

现有研究和实践表明，地方知识对现代社会有着不可替代的重要价值，它与特定群体的精神诉求有着重要的联系，是特定社区整合与发展的重要基础。人与石的关系是一种地方知识的重要体现。地方知识并非固化的，而是动态演化的，会面临各种各样的社会境况，面临现代社会快速变迁形成的各种挑战，如物质需求的挑战、生活方式的挑战、消费方式的挑战等。在面对变迁与挑战的过程中，一些地方知识可能会因丧失了功能而被淘汰，一些则在努力成长，还有一些则被埋没在汹涌的物质生产和消费大潮中。地方知识会在现代社会中大量流失，这成为许多人类学家担心的事情。

因为地方知识总体上可归于人类文化的范畴，因此关心地方知识实际上是人类学的基本学科要求之一。个体及其所在的群体都与一定的地方知识相关，地方知识是反映群体的一面非常重要的镜子，同时也是他们的重要生活武器。对地方知识的关注就是对活生生的人的关注和关心。人不是抽象的，在地方知识中，人才是具体的，生动的同时也会体现出困惑。因此，关注地方知识，可以说是人类学家开展田野工作的一种温度的体现，也是他们所从事研究及其研究成果温度的一种重要体现。

地方知识在本质上是建构主义视角下的突现性，这是理解地方知识的一个重要的视角。在以往的大量研究中，研究者虽然突出了地方知识的动态性，但并未充分指出它所具有的突现性，甚至在很大程度上忽视了这一特性。另需强调，本书指出：地方知识的突现性是一种特性，并且这一特性是持续存在的，这意味着地方知识会在社会变迁中不断突现。就方向上而言，这些突现是可正向可反向的。从实用主义角度来说，我们所期盼的当然是正向的突现，是对我们有益的突现。若突现是负向的，就会生成瓦解自然、瓦解社会、瓦解人与自然之间良性关系的某些力量。我们应该警惕：既然是突现，那么我们实际上是无法完全左右它的方向的。

进一步而言，对特定的历史阶段来说，当所有的历史逻辑全部展现出来之时，或许就是这段特定历史的终结时刻——包括人与自然在内的那段特定历史，而新阶段的历史逻辑又将生发，在不断突现之中走向另一个终结。在这样的逻辑中，我们或许可以看到在自然之中的人类自身的命运，以及在与自然折裂的突现中有些恐怖的未来——关于人类的很多东西，将超越人类自身的能力，并成为支配逻辑的主导。

附录

多维度下的科学理论
——基于建构视角的反思

黑箱（black box）是拉图尔提出的一个重要概念，它指的是：已经被承认并接受为真实、准确和有用的科学理论、科学事实与科学仪器。在他看来，黑箱是被当作其他理论的基础加以使用的科学理论。“DNA是一个双螺旋”这种观念被当作一个事实看待，成了一个黑箱，拉图尔警告说“DNA是一个双螺旋”之所以具有这样的地位，是随着若干相互竞争的科学家彼此重磅攻击之后形成的。也就是说，任何东西都值得怀疑，甚至那些黑箱。[①] 实际上，这一点与布迪厄的场域观念是相通的，因为他们都在强调社会—文化之间的角斗与游戏。科学理论被置于一个偶然性的争斗后果的角色上。

虽然这是带有后现代或者解构色彩的一种视角，但为我们审视科学理论提供了启发。把科学理论作为分析的对象，这一传统已经相当长久。但是，库恩从科学哲学开展的审视仿佛极大限制了人们的头脑，譬如，范式的提出与长期占领着理论研究的某些领域，就如同这一术语自身所强调的，它既是一种建构规则，也是一种科学理论的牢笼，我们还需要从更为多维的角度进行梳理和反思。本部分主要对相关科学理论研究进行综述，并基于此探讨社会科学理论中的建构性。

---

① 拉图尔. 科学在行动：怎样在社会中跟随科学家和工程师［M］. 刘文旋，郑开，译. 北京：东方出版社，2005，译者前言：6.

一、自然辩证法的视野

恩格斯在《自然辩证法》中反思、分析了社会理论的相关问题。他指出，科学是对运动形态的有序分类，“每一种科学都研究一种运动形态，或研究一连串的互相关联互相转变的运动形态。所以把这种运动形态按照它们所具有的秩序加以分类、排列，就是科学的分类”。① 因为自然科学本身是进步的，所以形而上学思想在自然科学中站不住脚。② 但在社会科学范畴内，则有更多需要审视的方面。

动物也有自己的历史——是由发生渐次进化到现状的历史。其中，动物是在无意识无愿望状态中形成的历史。而人类则不同，是有意识地创造他们自己的历史。③ 人类最大的，也是最终的归宿在于他们能够“有计划地生产和有计划地分配”，也唯有此，才能够“使人类在社会关系上超越其他动物之上”。④ 这种状况使社会理论在地球上被人类所独占。社会理论是人类社会的理论，是一种抽象的界定。恩格斯指出，“一切发生出来的东西都必然要死灭”⑤，“物质是在永远的循环中运动的。那种循环要经过我们地球上年代所不足以作为量度单位的那样漫长的时间才走得完它的轨道”。⑥ 不过，我们总相信，“物质在地球在一切适于它的环境中所高度发展成的思维的精神，虽然会在铁的必然性下重行消灭掉，然而它也会在同样的铁的必然性下，在具有那种必然性的不灭性下，在另一时间另一地方重行产生出来”。⑦

要把握社会的规律，去掉神秘化，需要一种根本性的视野，它就是辩证法视野。恩格斯指出，纯粹的经验论是压服不了灵学家的，也不能

---

① 恩格斯．自然辩证法［M］．郑易里，译．上海：三联书店，1950：284.
② 恩格斯．自然辩证法［M］．郑易里，译．上海：三联书店，1950：1.
③ 恩格斯．自然辩证法［M］．郑易里，译．上海：三联书店，1950：21.
④ 恩格斯．自然辩证法［M］．郑易里，译．上海：三联书店，1950：22.
⑤ 恩格斯．自然辩证法［M］．郑易里，译．上海：三联书店，1950：22.
⑥ 恩格斯．自然辩证法［M］．郑易里，译．上海：三联书店，1950：26.
⑦ 恩格斯．自然辩证法［M］．郑易里，译．上海：三联书店，1950：27.

用经验的实验法对付见灵论者的强辩。① 正如马克思所说，黑格尔把辩证法神秘化了，在他那里，辩证法是倒立着的，必然把它扶正，才能在它的神性的外壳中发现合理的核心。②

辩证法的法则，是从自然史和人类社会史抽象出来的。因此，它是自然史、人类社会史和思维本身发展的最普遍的法则，这些法则可以总括为三个法则：从量到质从质到量的转化法则，对立物相互渗透的法则，否定之否定的法则。③ 自然发展、社会发展、思维发展的普遍法则已开始在千验万应的形式中建立起来了，这是一个世界史的伟绩。④ 辩证法在其中显示了它的伟大之处。

二、理论的来源

社会理论来自人的大脑，来自人的创造，这看似合理的说法经不住更深入的拷问。恩格斯创立的自然辩证法让理论回归于真正的全体世界，或者说回归到自然之中。它是一种自然哲学，也是一种科学的自然哲学。在它的体系中，实现的是“以自然的名义”来表述自然。而它又是辩证唯物主义自然哲学的一个历史形态。⑤ 马克思也指出：“只有从自然界出发，才是现实的科学。”⑥因此，自然有它自身的逻辑，而这种逻辑是纯粹客观而自在的。但是，自然不会自发建构自身的哲学或科学，如同其他理论、哲学一样，它也是人通过主观认识的活动建构出来的。这种建构的基础就是实践，是人类在大自然中的实践最终完成了自然辩证法的现实逻辑表述。

恩格斯强调，我们所能理解的自然界是一个体系，是各种物体有关

---

① 恩格斯．自然辩证法［M］．郑易里，译．上海：三联书店，1950：53.
② 恩格斯．自然辩证法［M］．郑易里，译．上海：三联书店，1950：37-38.
③ 恩格斯．自然辩证法［M］．郑易里，译．上海：三联书店，1950：54.
④ 恩格斯．自然辩证法［M］．郑易里，译．上海：三联书店，1950：62.
⑤ 邬焜，曹嘉伟．恩格斯的自然哲学理论及其当代启示［J］．自然辩证法研究，2020（11）．
⑥ 马克思．1844 年经济学哲学手稿［M］．刘丕坤，译．北京：人民出版社，1985：85.

联的总体。运动则是一个不能忽视而极度重要的范畴，没有运动的物质是不可想象的，“更进一步，假若说物质是和我们对立着的、原来就有的、既不能创造也不能毁灭的东西，运动也就是不能创造和不能毁灭的”。[①] 对待理论，我们不能离开运动的前提和基础，理论的对象是运动的，理论的主体也是运动的，理论因此也不是固化的。

理论是如何从实践中来的呢？这是一个不可回避的问题。它涉及逻辑问题，因为一般认为，逻辑的存在与应用才能够使实践的经验教训转化为理论，没有逻辑，这将无法实现。基于此，逻辑被认为是先验的，具有理论的裁判者的地位。但蒯因把逻辑解释为经验理论，而并不是例外的。这成为逻辑反例外主义的一个重要标志。威廉姆森（Williamson）、普里斯特（Priest）和罗素（Russell）等发扬了这一范式，强调逻辑与其他科学理论相连续。[②]

张存建指出，逻辑反例外主义也存在严重的不足，在数理逻辑取得辉煌的成就之下，它的经验属性被遮蔽。因为逻辑和科学本身并不具有确证知识的绝对权威，它们总是处于“主客二分”的本体论取向下。如果接受逻辑和理论的确证，就意味着未来被设定并且科学不需要再检验。[③] 不过，逻辑和理论总是可以在确证知识方面做出贡献，即可以支持在各自的系统内进行语句的“封闭”运算，即支持演绎推理。

因为演绎推理接受一些理想化的运算、对象和验证手段，并且接受符号的确定性，因此需要先接受演绎推理的前提，这就涉及形而上学的直觉，它远离具体认知和推理对象，而是发自个体的心灵，即使相信这种直觉，还要在语言层面进行表达，那么支持这种有效性的则是语义直觉。因此，逻辑和科学理论中的演绎推理，其有效性主要来自一种形式语言的语义直觉，而支持演绎推理事例有效性评价的主要是一种自然语

---

① 恩格斯．自然辩证法［M］．郑易里，译．上海：三联书店，1950：64.
② 张存建．逻辑反例外主义关注的理论共性探析［J］．自然辩证法研究，2020（11）.
③ 张存建．逻辑反例外主义关注的理论共性探析［J］．自然辩证法研究，2020（11）.

言的语义直觉。[1] 这样来看，逻辑、理论是连续的，并来自实践中的一种最初的语义直觉系统。这实际上在向我们展示一种基于某种建构色彩的可能性，而这种可能性一直在努力和尝试向前。

三、理论的话语及求真向度

在通常的认知观念中，科学理论具备一种信服力，或者说是“得到某种有力辩护的真信念”，它存在于人的主观信念与对象的客观性之间，这其中有一个前提假设，即主体人的内在理性、经验在客观现实中是具备可依赖性的。这里预设了一种主客二元的视角，主客之间的张力问题一直是理论界、科学界的争论话题之一，同时，此时知识似乎具备了一种独立于观察者的普遍意义。客观主义者认为，真正的知识可以揭示社会现象背后的普遍规律。相对主义者认为，社会科学中不存在绝对客观的真理，社会科学的目标也不是归纳和预测规律，而主要应关注意义和价值，对社会事实的意义进行诠释。有研究者指出，化解争论需要强调人的最突出特征之一：话语，用话语进路来化解张力，推进理论共识。认为话语作为一种可能的方案，这具有明显的建构主义特征。话语中的信念主体具有互动性，通过话语的求真向度、信念特征和辩护模式展现出来的知识的特征，揭示出社会科学知识在本质上是一种主体间性的、地方性的、语境性的知识。[2]

正是在主体间性基础上，社会科学知识的形成与传播才成为可能，而地方性的总体背景也构成了普遍性知识的有力基础。因为在建构主义者看来，任何知识都是发源于地方知识，而且在本质上也是地方知识。大卫·布鲁尔（David Bloor）和巴里·巴恩斯（Barry Barnes）所提出的“强纲领”强调：“包括自然科学知识和社会科学知识在内的所有人类知识，都是处于一定的社会建构过程之中的信念，所有这些信念都是

---

① 张存建．逻辑反例外主义关注的理论共性探析［J］．自然辩证法研究，2020（11）．

② 张鑫，殷杰．论社会科学知识的话语进路［J］．科学技术哲学研究，2021（4）．

相对的，受社会因素的影响。”① 甚至可以说，不同阶段的社会科学知识总是一定程度上的“共同知识”，在本质上，知识的信念是最主要的，而知识的真与全则是相对次要的。②

四、理论表征

（一）理论与价值

社会理论表征世界的问题，或者可以表述为理论对应的客观性以及理论对应的价值立场问题的张力，是一个根本问题。因为既然承认理论来自人的建构，本质上是主体间性的，并受多重限制，而且无法通过人类发现的客观性绝对确证，那么它对应的客观性也就不是绝对的；同时，理论又在追求客观性，在这一过程中，理论被置于一个人类社会的大场域中，它又受到各种各样的价值取向的影响，既然受到价值取向及其他因素的影响，那么它追求的客观性可能又会产生偏移。在现实中，两者似乎是纠缠在一起的。

陈强强梳理了科学的社会研究中科学事实与价值的关系史，认为存在“三波”不同认识。第一波主张事实与价值无涉；第二波认为事实与价值不可分；第三波既承认事实与价值不可分，又要求实践中应尽量把两者分开，被称为“应然二分说”。他认为，虽然仍然有较多的批评，但“应然二分说”是重塑科学的文化地位、抵制当代技术民粹主义及解决技术决策中“延伸问题”的要求。他认为，第三波体现了一种辩证统一关系，前者描述了立场，后者是一种规范，是对第二波的摒弃与升华。其中的一个关键问题是：关于科学的理解存在争议，但科学的价值却是永恒的。③

---

① 林聚任，等．西方社会建构论思潮研究［M］．北京：社会科学文献出版社，2016：9.

② 赵国栋．重识“盲人摸象”：社会科学研究中的共同知识——兼论《西藏研究》对共同知识的推进［J］．西藏研究，2021（6）．

③ 陈强强．科学的社会研究中科学事实与价值的关系史研究［J］．自然辩证法研究，2021（5）．

传统科学哲学强调理论的优先性，被称为“理论优位的科学哲学”，即理论被认为普遍性的知识具有特殊的地位，科学说明、科学实验等都是围绕着理论进行的。但是赵聪妹指出，科学实践中包含着科学理解，它是一种“know-how”的能力，本质上是一种意会知识，必须在不断的练习中才能够掌握，并与主体的知识背景、能力、价值观以及练习过程中具体的情境相关，这是发现科学、运用科学与发展科学必备的。因此她主张，科学实践哲学需要摆脱理论对科学哲学研究的限制，即把理论优先的特殊地位取消掉，并把理论视为科学实践中产生科学知识的工具。让理论回归工具性价值，让科学的实践精神不断向前。①

（二）解释机制的存在与作用

对社会现象进行解释，其中一条主要理路是强调社会现象是客观的，只有现象是客观的才可能产生社会现象认识的科学化或者理论化，并使社会科学成为理论性的科学变得可能。要解释社会现象，对社会现象客观性的论证至关重要。

从社会学角度来说，法国社会学家迪尔凯姆论证了社会现象的外在性、普遍性和强制性等属性，赋予了社会现象以社会事实的研究定位，而纽拉特从物理主义角度强调了社会现象的客观性是用物理语言表述和支持的。这种路径初步建构起了社会现象可观察性和可呈现性的原则，突出了可测量的物理语言表述。这种原则被经济学、社会学、人口学等学科充分吸收和发展。诺贝尔经济奖得主萨缪尔森（P. A. Samuelson）以可观察性实证主义原则对“基数效用论”和“序数效用论”进行了革新。所谓“效用”是指商品给消费者带来的满足程度。因为效用无法落实于社会现象的客观性原则之上，无法实现有效测量和观察，萨缪尔森以可观察的个人行动替代不可观察的效用，清除了效用理论中的含糊性。②

---

① 赵聪妹．科学理解的科学实践之路［J］．自然辩证法通讯，2021（7）．

② 林旺，曹志平．社会现象客观性的实证主义论证及实践［J］．科学技术哲学研究，2021（3）．

不过，要对客观社会现象进行解释，这在分析哲学中要面对一种“解释鸿沟”问题。该词出自莱文（J. Levine）《物理主义和感受质：解释鸿沟》一文，他指出，“疼痛是 C 神经纤维的激活”这句话，虽然在生理意义上是有效的，但对理解什么是疼痛没有什么实际的帮助。解释的有效性实际上包括两部分，一部分是描述，类似一种语义学的东西，另一部分是交流式的东西。前者预设了意义先于解释，后者则需要在解释中理解意义与关系。如何把两者在理论中关联起来，那就是合理性，尤其是实践的合理性。根据逻辑行动主义方法论，它验证了马克思的一个重要主张，即一些具有神秘性的问题能够诉诸实践或通过对实践的理解加以合理解决。[①] 这里强调的是，如果把分析哲学中“解释鸿沟”放在更为经验的层面来看，它的根本就在于经验的实践化。我们可以把已有经验的呈现和经验在实践中的运用、转化称为“实践化”。无论是解释的语义学还是其他进路，都不能单独发挥作用，因为它们之间需要人类的语言实践与这种实践在更大范畴实践中的演变。

（三）理论的客观性

在建构主义者看来，科学和理论并不是看上去那样公正客观。1966 年，伯格与卢克曼出版了《现实的社会建构：知识社会学论纲》一书，社会建构论的大潮从此铺开。[②] 在 20 世纪 70 年代之后更是发展迅速，出现了爱丁堡学派的“强纲领”、经验相对主义、“实验室研究”、话语分析等建构主义流派，因为它们在对待科学知识与社会的关系方面具有相似的观点，因此被称为“科学知识社会学”（Sociology of Scientific Knowledge，SSK）。[③] 激进建构主义者认为，知识无法直接反映世界，

---

① 武庆荣．从逻辑行动主义方法论看解释鸿沟［J］．自然辩证法研究，2020（12）．

② 林聚任，等．西方社会建构论思潮研究［M］．北京：社会科学文献出版社，2016：90.

③ 林聚任，等．西方社会建构论思潮研究［M］．北京：社会科学文献出版社，2016：50.

或者说根本不反映世界，知识的作用只是用来区分有用与无用。①

在对理论客观性的挑战方面，桑德拉·哈丁的“强客观性”理论作为建构主义中的一个维度，突出了性别视角与理论的关系。哈丁认为，在传统科学认识论中，“科学”是一个客观的范畴，而忽视了社会和文化因素，并试图在科学研究中始终保持一种价值中立的态度，这种传统的客观性是一种“弱客观性”（weak objectivity）。有针对性地，哈丁提出一种科学的“强客观性”（strong objectivity）范畴，并以之取代弱客观性，要求把整个科学共同体及其背景纳入对科学理论的反思中。强客观性突出女性主义立场，这比男性视角具有更大的客观性。在哈丁的立场上，采取的是一种在历史情境中的性别差异。科学是在情境之中做出判断，这才是更加客观真实的。从科学文化实践角度来看，“强客观性”理论还处于一种立论阶段，未能产生实际效果，但它对传统科学观的反思和批判是具有意义的。②

理论实在论是理论客观性的坚定支持者，不过，反实在论不断向它提出挑战，并构成科学史探究的一种前进动力。两者关注的中心在于科学理论是不是真的，或者说是不是近似真的。实在论者普特南（Hilary Putnam）、斯马特（J. J. C. Smart）、牛顿－史密斯（W. H. Newton－Smith）、波义德（Richard Boyd）等指出，相对那些反实在论者，科学理论是真的，或者是近似真的，这才是对理论在经验上获利巨大成功的唯一令人满意的解释。不过，历史明示策略提出了一种微观性的挑战。该策略主要通过对理论构成中的细微之处，如相关的前提设定、有关描述或者前后差异，提出实在论存在的不稳固的方面，并指出变化在当前和未来科学研究中仍会发生。通过这种方式，历史明示策略支持了后继

① 格拉塞斯费尔德．激进建构主义［M］．李其龙，译．北京：北京师范大学出版社，2017：185.

② 王婉祯，邱慧．桑德拉·哈丁的“强客观性”理论研究［J］．自然辩证法研究，2021（8）．

理论在某些方面可以一再超越先前理论的进步观。①

针对实在论与反实在论之争，有研究提出一种协调论，指出选择理论与评价理论是不可分割的，研究者需要预先设定真理观，否则就无法通过评价理论内容与经验之间的联系来选择理论。科学的发展应该追求符合论真理、实用论真理和融合论真理的统一，科学史表明科学家总是建立和选择更合理、更进步的理论，即协调力越强的理论也是越进步、越具有真理性的理论。②

关于"自然规律"的客观性与建构性是自然哲学和科学哲学的一个重要问题。以塞拉斯（W. Sellars）等为代表的科学实在论者强调自然规律是自然界固有的客观属性，范·弗拉森等反实在论者则否认自然规律的客观性，另外，偏向于主观论的各种各样的建构论也颇有影响，譬如，著名的建构主义学者肯尼思·J. 格根强调"本土性"是真理的根本特性，因此真理都是"本土真理"（local truths）。③ 罗纳德·吉尔（Ronald N. Giere）以"建构实在论"（constructive realism）和"视角实在论"（perspectival realism）试图协调这种冲突。他认为，"自然规律"中蕴涵着不同层次的自然规律客观性与建构性特点，所以要区分本体论、近似认识论和视角方法论，并以层次建构性来看待它们。吉尔的反思启示了不同层面的"自然规律"，较好地协调了不同层面自然规律范畴的客观性与建构性。不过，吉尔没有区分不同意义上的"自然规律"，在这一术语的使用上存在着混乱现象。④

---

① 顾益．反实在论的历史主义策略探究［J］. 自然辩证法研究，2020（6）.

② 顾益．反实在论的历史主义策略探究［J］. 自然辩证法研究，2020（6）.

③ 者肯尼思·J. 格根，玛丽·格根．社会建构：进入对话［M］. 张学而，译. 上海：上海教育出版社，2019：95.

④ 樊姗姗，徐治立．吉尔实在论处置"自然规律"的特点与意义［J］. 自然辩证法研究，2021（6）.

五、理论的指导

（一）论证的文化特征

关于如何用理论指导实践的问题，人们通常认为必须经过某些过程，其中不能缺少基于理论的论证过程。一般来说，论证理论主要关注论证的形式合理性和语用功能下的合理性，而缺少对论证地方性特征和心智过程的解读。在建构主义视角下，这是一种不合理的现象，也就是说，理论论证需要拓展社会文化的维度。

据此观点，理论指导实践，实际上是有地方特色和文化特色的，此时的理论并不是铁板一块。语用论辩术理论关注论证的四个阶段：冲突阶段、开始阶段、论证阶段和结论阶段。而根据广义论证的理论，论证具有五个主要特征：社会文化性，社会—文化群体的语言或其他交流手段为表达媒介，文化群体接受的社会生活准则、博弈结构，特定语境下开展的社会互动并表现为时空中展开的言语行为序列。①

斯珀波（Dan Sperber）和梅西埃（Hugo Mercier）提出了“推理的论证理论”（argumentative theory of reasoning，ATR）。该理论认为，推理的主要功能是论证，社会交流的需要促使其出现。人们构造、评价、论证的心智过程是文化图式主导的自动认知过程。这样的文化图式体现了某种“社会—文化群体”的地方性。② 因此，ATR 理论实际上从进化视角指出：推理本身就是一种具有深刻社会根源的机制，因此有必要将文化图式纳入论证研究中，这样有助于呈现行动者对事件的解释及其可能维度与影响因素。③

（二）技术与人类社会的前景

技术既可以看作理论的成果之一，也可以看作拓展理论与实践的手

---

① 陈清洮．论证研究的认知社会学路径［J］．自然辩证法研究，2020（2）．

② 陈清洮．论证研究的认知社会学路径［J］．自然辩证法研究，2020（2）．

③ 陈清洮．论证研究的认知社会学路径［J］．自然辩证法研究，2020（2）．

段。当技术被创造出来之后，人类便不断用它进行再创造和某种预测，而且这种趋势越来越明显。所谓的技术预测（technological forecasting）指的是为了实现某种技术目标，根据已经形成的技术对实施和控制事件过程进行计算或断定。技术预测看似客观公正，但实际上作为一种实践过程，它本身的准确性是受多方面因素影响的，它本身具有或然性。①

技术预测是20世纪初对技术进行科学管理的产物，随后被用于美国的军事和航天领域中。20世纪70—80年代，德尔菲法开始流行并成为主要的方法，目的是对技术发展进行预测，从而提升科学管理。首先需要承认，技术理论或者说与技术相关的理论是从技术实践和经验深入形成的，通过对它们进行一定规律性的提炼形成技术理论，这样才能使技术预测成为可能。当然，其中还离不开各种仪器设备、操作规程、安全生产守则等技术规则。

虽然不涉及真、假问题，但技术预测必然涉及准确性问题。M. 邦格认为，技术预测的实践推理必然涉及有效、无效和不确定三个逻辑有效值，这也是理论价值的判断标准。吴国林等指出，由于技术预测是一种有诸多限制的实践过程，因此它本身是一个概率问题。我们无法通过技术及关于技术的理论完全可靠地形成对未来的预测，因为我们无法完全控制实践过程中的一切因素和可能因素。

（三）科学与宗教

科学与宗教是反思理论问题绕不过去的一对关系。从科学史的角度来看，两者并不是谁战胜谁，或者谁取代谁的简单关系，而是表现得更为复杂的互动关系和牵扯关系。巴伯（Ian Barbour）曾经使用四重分类法对这些关系进行类型化处理，他把两者之间的关系归纳入四种类型之中，即“冲突”“无关”“对话”“整合”。② 但这种划分似乎存在一种定式，忽视了两者之间的流动性关系。

① 吴国林，程文．技术预测的哲学分析［J］．自然辩证法研究，2020（2）．
② BARBOUR I G. Religion and Science：Historical and Contemporary Issues［M］. San Francisco：Harper Collins Publishers，1997：5.

P. 哈里森（Peter Harrison）指出，“科学”与“宗教”的概念只是在过去300多年里出现于西方的，两者的派生词 scientia 和 religio 起初的意思是基本一致的，都指人的品质或者说德行（virtues），后来逐渐演变为现代概念系统。在现代概念系统之后是不同的利益集团在发挥作用，所以形成了相互竞争的科学集团利益与神学集团利益的冲突，并取代了两者对人的品质的关怀。①

冯梓琏指出，科学与宗教的历史维度表明两者并非历史的永恒范畴，在历史中关于两者的关系问题更像是一个伪问题。若只关注两者之间的关系类型，就会抛开了一个丰富多样且真实的历史。对此，马克思在其辩证科学观和宗教观中给出了一种协调两者关系的路径。由于人在本质上是“一切社会关系的总和”，因此基于人而生发的科学与宗教必然围绕着人的本质展开和演变。由此，社会关系也就成为关注科学与宗教关系的根本和关键。不考虑社会关系的任何分析和结论都是靠不住的，而从这一点出发，对抗科学或宗教异化的路径只能是从社会关系出发，而社会关系的根本又在于生产关系。② 由此来说，科学与宗教，无论两者的关系如何，都是在特定社会关系，或者说生产关系下的体现，而它们的未来也在于生产关系的变化。

（四）个人与社会

在个人与社会关系上，长期存在个体主义与整体主义的区分，并成为两大流派，前者以个人及其行为解释社会，后者以社会作为整体，以社会事实解释社会。后者的典型代表是法国著名社会学家涂尔干（E. Durkheim），他认为只能从社会层次来解释社会，但是，这种论断缺乏严密的论证，并被诟病忽视了对社会中个人作用的探讨。社会突现论也被归入整体主义，它在理论上尝试把个体主义与整体主义进行有效链接，被称为“新整体主义”。索耶（R. K. Sawyer）是其重要代表。

---

① 冯梓琏．科学与宗教：从史实到理论［J］．自然辩证法通讯，2021（5）．

② 冯梓琏．科学与宗教：从史实到理论［J］．自然辩证法通讯，2021（5）．

在社会突现理论中，对“突现”的讨论主要集中于如下特征：其他事物引发突现，而非自身自然生成；突现的生成物相对引发其出现的事物（事件）具有某种新颖性、自主性，并且表现出一种整体性。突现可以分为两个维度：一是关系维度，二是历时突现和共时突现维度，即时间维度。关系维度强调突现是建立在突现实体与产生该突现实体的实体之间的关系上。所谓实体，指的是物体、性质、状态和类似的范畴。① 时间维度的突现强调可能存在的时间序列以及层次关系内发生的突现。总之，突现理论实际上是对建构理论视角的一种更加具体的阐释，向我们呈现了社会理论的一种可能维度。

某一现象或事件的突现是来自关系的影响，因此必须有相应的他种力量存在。这一观点看似简单，但正是基于这种基本的认识，才可能承认如下观点：人类社会内的复杂关系以及人类与自然之间的关系获利了一种力量性，并且基于这种力量，不断会有现象或事件的突现，完全对人类与自然的设计并不符合实际。自主性指的是突现现象及其影响具有某种不以人的意志为转移的力量，它并不一定完全独立，但它表现出的自主运行性却有巨大的影响。而突现所具有的整体性则强调它并不是一些要素或组成部分的堆砌，整体性使其难以用简单的方法或一两种媒介加以有效化解。

因果关系是社会突现理论最为关注的问题之一。理解个人与社会之间是否构成某种因果关系，关键在于理解社会具有个体所不具有的突现属性，该理论认为，社会是由个体的聚集突现而来的，它具有个体所不具备的突现属性，由于该属性，社会不能还原成个体。所以，某个社会事件能够作为一个“独立”的因素而对其他社会事件以及社会中的个体产生影响，但个体未必能够对某个社会事件产生影响。不过，索耶指出，在社会中，所谓的因果关系应该是类型事件之间的关系，而不是个例事件之间的关系，即排除了个例事件的因果关系，因为科学所关注的是普

---

① 保罗·汉弗莱斯．突现的标准和分类［J］．付强，译．系统科学学报，2021（2）．

遍性的因果，而不是个例化的因果，而且那也不能算作真正的因果。①

六、实践与理论的互构

理论或真理所描绘的图景是真实的吗？韩慧云认为，这种提法忽视了“真理论论证”的界限，常用隐含某种真理论立场的论证来反驳另一种真理论观点，由此犯下窃取论题的预设性谬误。由于“真是什么”恰恰是被讨论的对象，所以我们无法直接判断某个关于真之本性的断言是否为真，也不能通过一个或支持或反驳该断言的论证判断该断言是否为真。我们能够做的是：验证某个真理论是否自洽，或者呈现两种真理观之间的对立，这些通常是我们论证中所要做的事。因此，我们在研究中应该警惕这种做法：用隐含着对真的某种立场的论证来证明或反驳另一种真理论观点。②

那么，我们应如何检验真理呢？我们不能否认真理与实践之间的关系，因此，我们更应该关注理论与人类实践之间的关系，这至少为我们指明了一条理路：人类实践既是基本的、重要的，也是变动的，并且，不能把对实践的审视独立起来，必须把它与人类的理论建构相结合，这样才会有一个更好的状况。

到了20世纪80年代，社会生成论被大量引入理论与科学的元研究之中。该取向的研究进一步突出了实践的存在与场域作用，从而尝试突破20世纪70年代兴起的科学知识社会学的框架，因为该激进观点被批评存在大量随意剪裁出科学的社会建构这一实践的片段，并将其等同于科学本身；也尝试突破默顿学派的科学建制社会学（SSI）的范式，因为它多被批评为只关注到科学的社会结构，而忽视了其他重要的方面。科学实践社会学（SSP）强调，科学与社会之间是互构的（Co-Construction）。

---

① 林旺，曹志平．社会突现论对社会因果的研究［J］．自然辩证法通讯，2020（4）．

② 韩慧云．真理论论证中的预设性谬误：以融贯论为例［J］．自然辩证法研究，2021（6）．

一般认为，SSP 包括行动者网络理论、常人方法论、实践的冲撞理论以及科学场域理论等，它们均试图克服 SSI、SSK 科学社会结构、社会建构的静态画面，主张一种混合的图景而非某些纯粹的观点。它把科学视作主动干预世界的动态实践，并从实践科学观出发对科学的力量源泉及其不确定性进行解释。①

这些特点决定了 SSP 倾向于采用人类学的参与式观察和反思性的文本分析方法，强调运用人类学的深描方法，试图揭开科学和社会这两个黑箱，并认为只有从深描建构的角度才能真正实现这样的目标。刘崇俊认为，SSP 可以启迪社会科学，让理论和科学界认识到自己面对的是自然与社会相混杂的“世界”，而不是纯粹的人的世界，所以理论和科学界面对的不仅仅是人与人之间的关系，更包括人与物、物与物的多元关系，只有处理好人与物之间的关系，才能更好地发现世界本身的运作过程。②

模型作为理论、科学的外在表征，它与客观世界之间的关系需要另外给予关注，这涉及“模型认识论”问题。齐磊磊认为，虽然模型表征世界并不是用语言来描述世界，而是一种非语言实体的表征，但是模型的“抽象性”与被观察世界（模型的目标系统）的“具体性”之间的关系值得重视。大量关于“模型认识论”的回答都指向了对两者具有“同构关系”的讨论。

模型的认识论基础既不是一般实在论的，也不是纯粹结构主义或工具主义的，模型与现实世界的客体之间具有重要的同构对应关系，所以齐磊磊认为这种认识论可称为“同构实在论”或“同态实在论”。不过，“同构实在论”并不是强调与实在的“符合”，而只是表明理论模型与实在之间有一种映射、对应关系，并不是说它在本体论上承诺了工

---

① 刘崇俊．科学社会学“实践转向”中的“互构论”［J］．自然辩证法通讯，2019（11）．

② 刘崇俊．科学社会学“实践转向”中的“互构论”［J］．自然辩证法通讯，2019（11）．

具主义。①

结语

理论不是绝对的，实践具有不断探索的特征，虽然它的存在不是绝对的，但其过程是绝对的。理论是人类社会伟大成就的表征，也是人类不断进行实践探索的指引，但理论只是人类在有限的实践基础上的有限的阶段性成就，人类需要认真、审慎地看清它的建构特性。这种建构特性并不是说理论是凭空建构出来的，而是说理论与人类社会之间的互构关系。

注重理论与人类社会的互构关系，就需要强调人作为自然之中的一分子的生态位，因为人类社会不能离开自然，无自然之人类社会便不是目前人类社会相关理论能够解释的人类社会。这也是恩格斯在《自然辩证法》中给我们的重要启示。他说："所谓客观的辩证法是支配着整个自然界的，而所谓的主观的辩证法，换句话说，就是辩证法的思维，只是自然界普遍存在的对立运动的反映，这些对立就是在不断的斗争中，经过相互的转化，或向高级形态的转化，使自然的生命受到约束的东西。"② 人作为自然之一分子，逐渐在这种过程中从自然中脱离，并逐步加大对自然的约束和对立，那么，人类的理论就在逐步脱离与之相对应的自然，与之相对应的时空，此时的理论应该受到格外的关注，因为它容易变得缥缈，可能更加具有不确定性。

以上分析表明，无论从传统研究还是实践维度上看，当我们反思理论时，关于理论的人类学研究，或者说用人类学的视角探索万物之间的关系，是理论研究的一种重要而不能被忽视的视角。基于传统的研究积累，在这一方面还有大量急迫的工作要做。

（本部分先于本书被《凯里学院学报》录用，刊期未定）

---

① 齐磊磊．论模型认识论中的同构关系［J］．自然辩证法研究，2021（1）．

② 恩格斯．自然辩证法［M］．郑易里，译．上海：三联书店，1950：236.

参考文献

一、中文著作

[2] 巴恩斯．科学知识与社会学理论［M］．鲁旭东，译．北京：东方出版社，2001.

[3] 伯克，布里曼，廖福挺．社会科学研究方法百科全书［M］．沈崇麟，赵锋，高勇，译．重庆：重庆大学出版社，2017.

[4] 布鲁尔．知识和社会意象［M］．艾彦，译．北京：东方出版社，2001.

[5] 才让．藏传佛教信仰与民俗［M］．北京：民族出版社，1999.

[6] 次仁多杰．十至十二世纪西藏寺庙［M］．拉萨：西藏人民出版社，2009.

[7] 大司徒·绛求坚赞．朗氏家族史［M］．赞拉·阿旺，佘万治，译．陈庆英，校．拉萨：西藏人民出版社，1989.

[8] 迪克．话语研究：多学科导论［M］．周翔，译．重庆：重庆大学出版社，2015.

[9] 恩格斯．自然辩证法［M］．郑易里，译．上海：三联书店，1950.

[10] 弗里曼．战略管理：利益相关者方法［M］．王彦华，梁豪，译．上海：上海译文出版社，2006.

[11] 格尔茨．地方知识——阐释人类学论文集［M］．杨德睿，

译. 北京：商务印书馆，2014.

[12] 肯尼思·J. 格根，玛丽·格根. 社会建构：进入对话 [M]. 张学而，译. 上海：上海教育出版社，2019.

[13] 格根. 语境中的社会建构 [M]. 郭慧玲，等，译. 北京：中国人民大学出版社，2010.

[14] 格拉塞斯费尔德. 激进建构主义 [M]. 李其龙，译. 北京：北京师范大学出版社，2017.

[15] 格勒. 月亮西沉的地方——一个人类学家在阿里无人区的行走沉吟 [M]. 成都：四川民族出版社，2005.

[16] 汉尼根. 环境社会学 [M]. 2 版. 洪大用，等，译. 北京：中国人民大学出版社，2009.

[17] 何峰. 藏族生态文化 [M]. 北京：中国藏学出版社，2006.

[18] 和少英. 社会文化人类学初探 [M]. 昆明：云南大学出版社，2018.

[19] 洪大用. 环境社会学 [M]. 北京：中国人民大学出版社，2019.

[20] 霍巍. 青藏高原考古研究 [M]. 北京：北京师范大学出版社，2016.

[21] 吉登斯. 社会的构成：结构化理论纲要 [M]. 李康，李猛，译. 北京：中国人民大学出版社，2016.

[22] 柯林斯. 改变秩序：科学实践中的复制与归纳 [M]. 成素梅，张帆，译. 上海：上海科技教育出版社，2007.

[23] 拉波特，奥弗林. 社会文化人类学的关键概念 [M]. 鲍雯妍，张亚辉，译. 北京：华夏出版社，2009.

[24] 拉图尔，伍尔加. 实验室生活：科学事实的建构过程 [M]. 张伯霖，刁小英，译. 北京：东方出版社，2004.

[25] 拉图尔. 科学在行动：怎样在社会中跟随科学家和工程师 [M]. 刘文旋，郑开，译. 北京：东方出版社，2005.

[26] 拉伍洛克．盖娅：地球生命的新视野［M］．肖显静，范祥东，译．上海：格致出版社，上海人民出版社，2019.

[27] 李友梅，刘春燕．环境社会学［M］．上海：上海大学出版社，2004.

[28] 廖东凡．灵山圣境［M］．北京：中国藏学出版社，2007.

[29] 林继富．灵性高原——西藏民间信仰源流［M］．武汉：华中师范大学出版社，2004.

[30] 林聚任，等．西方社会建构论思潮研究［M］．北京：社会科学文献出版社，2016.

[31] 刘保，肖峰．社会建构主义——一种新的哲学范式［M］．北京：中国社会科学出版社，2011.

[32] 刘少杰．西方空间社会学理论评析［M］．北京：中国人民大学出版社，2020.

[33] 马克思．1844 年经济学哲学手稿［M］．刘丕坤，译．北京：人民出版社，1985.

[34] 蒙培元．人与自然——中国哲学生态观［M］．北京：人民出版社，2004.

[35] 诺尔－塞蒂纳．制造知识：建构主义与科学的与境性［M］．王善博，等，译．北京：东方出版社，2001.

[36] 齐埃利涅茨．空间和社会理论［M］．邢冬梅，译．苏州：苏州大学出版社，2018.

[37] 瑞泽尔，古德曼．现代社会学理论［M］．6 版．北京：北京大学出版社，2004.

[38] 桑丹坚赞．藏族历史、传说、仪轨和信仰研究——卡尔梅·桑丹坚赞论文选译［M］．看召本，译．北京：中国藏学出版社，2016.

[39] 石泰安．西藏的文明［M］．耿昇，译．北京：中国藏学出版社，1998.

[40] 孙鸿烈．世界屋脊之谜——青藏高原形成演化环境变迁与生

态系统的研究［M］. 长沙：湖南科学技术出版社，1996.

［41］土旦次仁. 中国医学百科全书·藏医学［M］. 上海：上海科学技术出版社，1999.

［42］吴德刚. 中国西藏教育研究［M］. 北京：教育科学出版社，2011.

［43］亚当. 时间与社会理论［M］. 金梦兰，译. 北京：北京师范大学出版社，2009.

［44］赵国栋. 西藏茶文化［M］. 拉萨：西藏人民出版社，2018.

［45］赵万里. 科学的社会建构——科学知识社会学的理论与实践［M］. 天津：天津人民出版社，2001.

［46］珠昂奔，周润年，莫福山，等. 藏族大辞典［M］. 兰州：甘肃人民出版社，2003.

二、中文报刊

［1］暴拯群. 传统文化中关于人与自然关系的观念及其现代价值——《荀子·天论》解诂［J］. 学习论坛，2007（2）.

［2］曹南燕. 科学研究中利益冲突的本质与控制［J］. 清华大学学报（哲学社会科学版），2007（1）.

［3］陈阿江. 环境污染如何转化为社会问题［J］. 探索与争鸣，2019（8）.

［4］陈强强. 科学的社会研究中科学事实与价值的关系史研究［J］. 自然辩证法研究，2021（5）.

［5］陈清泚. 论证研究的认知社会学路径［J］. 自然辩证法研究，2020（2）.

［6］崔泰保，鄢珣. 藏獒的选择与养殖［J］. 北京：金盾出版社，2003.

［7］窦凌，耿如梦.《资本论》中人与自然关系二维向度思想及当代启示［J］. 江苏大学学报（社会科学版），2022（1）.

[8] 樊姗姗，徐治立．吉尔实在论处置“自然规律”的特点与意义 [J]．自然辩证法研究，2021（6）．

[9] 冯梓琏．科学与宗教：从史实到理论 [J]．自然辩证法通讯，2021（5）．

[10] 顾益．反实在论的历史主义策略探究 [J]．自然辩证法研究，2020（6）．

[11] 韩旦春．藏族游牧民的乌恰之文化源流及特征 [J]．北京印刷学院学报，2015（1）．

[12] 韩慧云．真理论论证中的预设性谬误：以融贯论为例 [J]．自然辩证法研究，2021（6）．

[13] 汉弗莱斯．实现的标准和分类 [J]．付强，译．系统科学学报，2021（2）．

[14] 和建华．东巴教与苯教“卵生说”的比较 [J]．西藏研究，1996（3）．

[15] 洪大用．试论环境问题及其社会学的阐释模式 [J]．中国人民大学学报，2002（5）．

[16] 景天魁．时空社会学：一门前景无限的新兴学科 [J]．人文杂志，2013（7）．

[17] 孔明安．人与自然关系的新阐释——再论恩格斯《自然辩证法》的当代意蕴 [J]．北京行政学院学报，2020（5）．

[18] 林继富．西藏卵生神话源流 [J]．西藏研究，2002（4）．

[19] 林聚任．社会建构论的兴起与社会理论重建 [J]．天津社会科学，2015（5）．

[20] 林旺，曹志平．社会突现论对社会因果的研究 [J]．自然辩证法通讯，2020（4）．

[21] 林旺，曹志平．社会现象客观性的实证主义论证及实践 [J]．科学技术哲学研究，2021（3）．

[22] 刘崇俊．科学社会学“实践转向”中的“互构论” [J]．自

然辩证法通讯，2019（11）.

[23] 刘少杰. 以实践为基础的当代空间社会学 [J]. 社会科学辑刊，2019（1）.

[24] 南文渊. 藏族传统文化中协调人与自然关系的几种方式 [J]. 青海民族学院学报，2001（3）.

[25] 齐磊磊. 论模型认识论中的同构关系 [J]. 自然辩证法研究，2021（1）.

[26] 孙林，保罗，张月芬. 藏族乌龟神话及其神秘主义宇宙观散议 [J]. 民族文学研究，1992（2）.

[27] 王婉祯，邱慧. 桑德拉·哈丁的“强客观性”理论研究 [J]. 自然辩证法研究，2021（8）.

[28] 邬焜，曹嘉伟. 恩格斯的自然哲学理论及其当代启示 [J]. 自然辩证法研究，2020（11）.

[29] 吴国林，程文. 技术预测的哲学分析 [J]. 自然辩证法研究，2020（2）.

[30] 武庆荣. 从逻辑行动主义方法论看解释鸿沟 [J]. 自然辩证法研究，2020（12）.

[31] 向成国. 人类起源“卵生”说意象 [J]. 广西师范学院学报（哲学社会科学版），2011（2）.

[32] 许放明. 社会建构主义：渊源、理论与意义 [J]. 上海交通大学学报（哲学社会科学版），2006（3）.

[33] 薛勇民，柴旭达. “共同构建人与自然生命共同体”重要论述的哲学意蕴 [J]. 理论视野，2021（11）.

[34] 闫志刚. 社会建构论：社会问题理论研究的一种新视角 [J]. 社会，2006（1）.

[35] 姚国宏. “当代科学技术与哲学”学术研讨会综述 [J]. 自然辩证法通讯，2007（1）.

[36] 叶立国. 范式转换：从“人与自然的关系”到“人类在自然

中的角色”[J]. 系统科学学报，2021（3）.

[37] 叶远飘. 论青藏高原天葬的起源与演变轨迹——基于青海省玉树县巴塘乡的田野调查[J]. 西藏大学学报（社会科学版），2013（4）.

[38] 俞吾金. “自然历史过程”与主体性的界限[J]. 吉林大学社会科学学报，2005（4）.

[39] 曾穷石. “大鹏鸟卵生”神话：嘉绒藏族的历史记忆[J]. 学术探索，2004（1）.

[40] 张存建. 逻辑反例外主义关注的理论共性探析[J]. 自然辩证法研究，2020（11）.

[41] 张涛，徐海红. 人与自然共生正义的困境与重构[J]. 北京林业大学学报（社会科学版），2021（4）.

[42] 张鑫，殷杰. 论社会科学知识的话语进路[J]. 科学技术哲学研究，2021（4）.

[43] 张翼. 藏族卵生神话探析[J]. 甘肃社会科学，2018（1）.

[44] 赵聪妹. 科学理解的科学实践之路[J]. 自然辩证法通讯，2021（7）.

[45] 赵国栋. “神鱼现象”：藏族原生态文化解释的一种机制隐喻[J]. 原生态民族文化学刊，2019（4）.

[46] 赵国栋. 西藏普兰飞天服：一种符号分析的视角[J]. 西藏民族大学学报（哲学社会科学版），2022（1）.

[47] 赵国栋. 重识“盲人摸象”：社会科学研究中的共同知识——兼论《西藏研究》对共同知识的推进[J]. 西藏研究，2021（6）.

[48] 巴恩斯，布鲁尔. 相对主义、理性主义和知识社会学[J]. 鲁旭东，译. 哲学译丛，2000（1）.

[49] 洪长安. 环境问题的社会建构过程研究——以九曲河污染为例[D]. 上海：上海大学，2010.

三、英文文献

[1] Angelo Fusari. Methodological Misconceptions in the Social Sciences [M]. Berlin: Springer, 2014.

[2] BARBOUR I G. Religion and Science: Historical and Contemporary Issues [M]. San Francisco: Harper Collins Publishers, 1997.

[3] BLUMER H. Social problems as collective behavior [J]. Social Problems, 1971 (3).

[4] BURR V. An Introduction to Social Constructionism [M]. London: Routledge, 1995. [5] COLLINS H. Stages in the Empirical Programme of Relativism [J]. Social studies of science, 1981 (1).

[6] David Pepper. Eco-Socialism: from Deep Ecology to Social Justice [M]. London, York: Routledge, 1993.

[7] Gerarnd Delanty. Constructivism, Sociology and the New Genetics [J]. New genetics and society, 2002, 21 (3).

[8] HARRIS S R. What is Constructionism? Navigating Its Use in Sociology, Boulder [M]. Colorado: Lynne Rienner Publishers, 2010.

[9] HOLSTEIN J A, GUBRIUM J F. Handbook of Constructionist Research [M]. New York: The Guilford Press, 2008.

[10] Hubert Knoblauch. Book Review: The Construction of Social Reality, John R. Searle [J]. American journal of sociology, 1996 (5).

[11] HURN S. Anthrozoology: An Important Subfield in Anthropology [J]. Interdisziplinäre anthropologie, 2015.

[12] Ian Hacking. The Social Construction of What? [M]. Cambridge, MA: Harvard University Press, 1999.

[13] Joel Best. Historical Development and Defning issues of Constructionist Inquiry [M] //HOLSTEIN J A, GUBRIUM J F. Handbook of Constructionist Research. New York: The Guilford Press, 2008.

[14] John R Searle. The Construction of Social Reality [M]. New York: Free Press, 1995.

[15] Malcolm Spector, John I Kitsuse. Constructing Social Problems [M]. New York: Aldine de Gruyter, 1987.

[16] Michael Lynch. Towards a Constructivist Genealogy of Social Constructivism [M] //Irving Velody, Robin Williams. The Politics of Constructionism. London: Sage Publications, 1998.

[17] MITCHELL A, WOOD D. Toward a theory of stakeholder identification and salience: Defining the principle of who and what really counts [J]. academy of management review, 1997 (4) .

[18] Paul Burkett. Marx and Nature: A Red and Green Perspective [M]. London: Macmillan Press LiD, 1999.

[19] Philip Brey. Philosophy of technology and social constructivism [J]. Society for philosophy &technology, 1997 (2) .

[20] SCHNEIDER J W. Social Problems Theory : the Constructionist View [J]. Annual Review of sociology, 1985 (11) .

[21] VAVRUS F. Making distinctions: Privatisation and the (un) educated girl on Mount Kilimanjaro, Tanzania [J]. International journal of educational development, 2002 (5) .

[22] Wilfred Drath. The Deep Blue Sea: Rethinking the Source of Leadership [M]. San Francisco: Jossey Bass, 2001.

后　记

本书可以看作我博士学位论文的姊妹篇，或者说是副产品。一方面，书中使用的田野支撑材料来源于我做博士学位论文时的田野调查，而且它们主要来自同一个田野点：扎西乡。这些资料是我在博士学位论文写作中没有使用的。另一方面，本书的构思、研究问题以及一部分文字，也主要是我在攻读博士学位期间完成的。

本书与博士学位论文整体上存在着较大的差异，最主要的便在于它们探讨的主要学术问题的不同。本书主要探讨人与自然之间的建构性问题，并反思自然中的主体性存在以及由此生发的历史逻辑和人类命运问题。我的博士学位论文则主要围绕地方知识展开分析，探讨人、知识与社会三者之间的张力问题。不过，我个人觉得，两者应是一体的，具有内在的关联性，我更愿意把它们结合起来阅读。

写作本书与我对石头的喜爱分不开。在西藏阿里驻村时，我也进一步发展了自己的爱好，与当地的石头有了更亲近、更密切的接触。面对那些石头，感悟着当地群众与石头关系的转变，强化了我写这些东西的念头。

在阿里牧区工作的那段时间，牧区的快速变化深深触动了我。看着牧民群众的日子越过越好，我们当然由衷地高兴，这也是我们在那里驻村工作的重要使命。但是，一些困惑和问题也时时刺激着我的神经。伴随着日子一天天变好，人们与生活之间的关系、人与自然之间的关系，同样经历了急剧的变迁，有的甚至被重新塑造。它们在机制上是如何形成的，未来又是如何被决定的？由此出发，似乎在青藏高原上的每个人、每个群体都面临着这样的境遇。我们需要看得更加明晰，需要更深入地洞察，并为避免风险、走向更美好的明天而不懈努力。

附录部分《多维度下的科学理论——基于建构视角的反思》是对本书整体研究的理论补充，也可以看作从纯理论分析的角度对本书的理论支撑，它构成了本书的有机组成部分。

希望本书能给读者朋友带来一些思考，能对我们的未来做出一点点贡献。

感谢光明日报出版社的编辑，感谢西藏民族大学对本书出版的资助。

感谢我的家人和朋友。

感谢，感恩！

趙國棟

2022 年 10 月 30 日